チョコレート検定

公式テキスト 2024年版

［監修］株式会社 明治　チョコレート検定委員会

CHOCOLATE
KENTEI

Gakken

はじめに

チョコレートの世界へようこそ!

　私たちにとって、身近な存在であるチョコレート。しかし、このチョコレートには知られざる奥深い歴史があることをご存じでしょうか? 約4000年前、現在のユカタン半島で栽培されていたカカオは、貨幣として扱われるほどの貴重品で、カカオを原料とする「ショコラトル(チョコレートドリンク)」を口にすることができたのは、一部の特権階級の人たちだけでした。そして今、チョコレートは大きく姿を変え、私たちの生活を彩る嗜好品となっています。

　不思議な魅力あふれるチョコレートを知っていただくため、株式会社明治は、明治グループ100周年と明治ミルクチョコレート90周年の記念として、2016年よりチョコレート検定を実施しています。検定は、チョコレートが好きな方であれば、どなたでも受けていただけます。

　本書はチョコレートの主原料であるカカオの生態やチョコレートの製造法、チョコレートを取り巻くストーリーなど、さまざまな知識をまとめた公式テキストです。ぜひ検定対策にお役立てください。

　検定や本書を通じて、たくさんの人にカカオ、チョコレートの奥深い世界にふれていただければ幸いです。

Contents チョコレート検定 公式テキスト 2024年版 もくじ

はじめに …………………………………………………………… 3
2024年度 チョコレート検定 概要 ………………………………… 8

第1章 チョコレートとは何か

1. チョコレートの魅力とは ……………………………………… 10
特集1 サロン・デュ・ショコラ 2023年最新レポート ……………… 12
特集2 カカオ・チョコレート業界のSDGs関連レポート ………… 17
　　　　生産国でのショコラティエ、チョコレートメーカーの活動例 ……… 20
2. カカオを知る旅 ………………………………………………… 26
3. カカオの生態 …………………………………………………… 30
4. カカオ豆はこうしてチョコレートになる …………………… 36
5. 発酵 ……………………………………………………………… 42
6. ロースト ………………………………………………………… 44
7. コンチング(精練) ……………………………………………… 46

CHOCOLATE Report
カカオ本来の個性を生かす Bean to Bar ……………………… 48

CHOCOLATE column
・カカオ豆は「貨幣」だった ……………………………………… 28
・カカオ豆と人類との出合い …………………………………… 29
・カカオ豆の発酵の不思議 ……………………………………… 33
・チョコレート工場のお悩みは「香り」!? ……………………… 41
・チョコレートのハウスフレーバー …………………………… 43
・チョコレートのアロマを表現する仕事 ……………………… 45
・チョコレート工場イチの高額機械 …………………………… 47

第2章 チョコレートの主原料「カカオ豆」に迫る

1. カカオとは ・・・・・・・・・・・・・・・・・・・・・・・・・ 56
2. カカオの品種 ・・・・・・・・・・・・・・・・・・・・・・ 60
3. カカオの産地 ・・・・・・・・・・・・・・・・・・・・・・ 62
4. カカオマス ・・・・・・・・・・・・・・・・・・・・・・・・ 66
5. ココアバター ・・・・・・・・・・・・・・・・・・・・・・ 68
6. テンパリング(調温) ・・・・・・・・・・・・・・・ 72
7. その他の主原料 ・・・・・・・・・・・・・・・・・・・ 76
8. チョコレートの副原料 ・・・・・・・・・・・・・ 80
9. チョコレートの配合 ・・・・・・・・・・・・・・・ 86

CHOCOLATE column
- 生産者はチョコレートを知らない!? ・・・・・・・・・・・・・・・・・ 59
- ココア(Cocoa)とカカオ(Cacao)の違い ・・・・・・・・・・・・・・ 67
- ココアバターは発芽のエネルギー ・・・・・・・・・・・・・・・・・・ 71
- 簡易的テンパリング ・・・・・・・・・・・・・・・・・・・・・・・・・・・・ 75
- チョコレート作りに役立つ道具 ① ・・・・・・・・・・・・・・・・・・ 79
- 幻のカカオ～ホワイトカカオ～ ・・・・・・・・・・・・・・・・・・・・ 87

第3章 さまざまなチョコレート

1. 代表的な製造方法 ・・・・・・・・・・・・・・・・・・ 90
2. ボンボンショコラ ・・・・・・・・・・・・・・・・・・ 96
3. 生チョコレート ・・・・・・・・・・・・・・・・・・・ 104
4. ク　ベルチュ　ル ・・・・・・・・・・・・・・・・・・ 106
5. 代表的なショコラスイーツ ・・・・・・・・・ 112
6. その他のショコラスイーツ ・・・・・・・・・ 118
7. その他の飲料、菓子類 ・・・・・・・・・・・・・ 120
8. 保存方法と注意点 ・・・・・・・・・・・・・・・・・ 122

CHOCOLATE Report
チョコレートの表示規約を知っておこう ・・・・・・・・・・・・・・・・・・ 124

CHOCOLATE column
・ヨーロッパに根づく型抜きチョコレート ・・・・・・・・・・・・・・・・・ 93
・屋号としての「ショコラティエ」 ・・・・・・・・・・・・・・・・・・・・・・・ 97
・チョコレートにおけるお国柄や地域性 ・・・・・・・・・・・・・・・・・ 98
・チョコレートとスパイスは相性抜群！ ・・・・・・・・・・・・・・・・・ 102
・チョコレート作りに役立つ道具 ② ・・・・・・・・・・・・・・・・・・・ 103
・ヨーロッパでの通り名は「石畳」 ・・・・・・・・・・・・・・・・・・・・・ 105
・チョコレートとコーヒーは蜜月の仲 ・・・・・・・・・・・・・・・・・・ 121

第4章　チョコレートの世界史

チョコレートの世界史年表・・・・・・・・・・・・・・・・・・・・・・・・・・・ 132
1. メソアメリカの時代 ・・・・・・・・・・・・・・・・・・・・・・・・・・・・・・ 136
2. 大航海時代 ・・・・・・・・・・・・・・・・・・・・・・・・・・・・・・・・・・・ 138
3. ヨーロッパへの広がり ・・・・・・・・・・・・・・・・・・・・・・・・・・・ 140
4. チョコレートの四大発明 ・・・・・・・・・・・・・・・・・・・・・・・・・ 146

CHOCOLATE column
・ベルサイユで花開いたチョコレート ・・・・・・・・・・・・・・・・・・ 141
・チョコレートは水といっしょに!? ・・・・・・・・・・・・・・・・・・・・・ 143
・各国で「チョコレート税」導入 ・・・・・・・・・・・・・・・・・・・・・・・ 144
・チョコレートソースで作る煮込み料理 ・・・・・・・・・・・・・・・・ 145
・ココアの製造工程 ・・・・・・・・・・・・・・・・・・・・・・・・・・・・・・・ 147
・チョコレートが料理をおいしくする!? ・・・・・・・・・・・・・・・・・ 150

第5章　チョコレートの日本史

チョコレートの日本史年表・・・・・・・・・・・・・・・・・・・・・・・・・ 152
1. 明治時代 ・・・・・・・・・・・・・・・・・・・・・・・・・・・・・・・・・・・・・ 154
2. 大正時代 ・・・・・・・・・・・・・・・・・・・・・・・・・・・・・・・・・・・・・ 156
3. 昭和時代 ・・・・・・・・・・・・・・・・・・・・・・・・・・・・・・・・・・・・・ 160

CHOCOLATE Report

世界&日本 チョコレート市場あれこれ

1. 高級ショコラ市場 ・・・・・・・・・・・・・・・・・・・・・・・・・・・・・・・・・・・・・・・ 166
　海外&国内の有名ショコラティエ ・・・・・・・・・・・・・・・・・・・・・・・・・・ 168
2. チョコレートの一般市場 ・・・・・・・・・・・・・・・・・・・・・・・・・・・・・・ 186

CHOCOLATE column

・贅沢品だったチョコレート ・・・・・・・・・・・・・・・・・・・・・・・・・・・・・・・・ 157
・チョコレート生産体制の飛躍 ・・・・・・・・・・・・・・・・・・・・・・・・・・・・・ 158
・日本人によるカカオ栽培の取り組み ・・・・・・・・・・・・・・・・・・・・・・ 165
・甘くない、日本のお菓子市場の争い ・・・・・・・・・・・・・・・・・・・・・・ 188

第6章 チョコレートの健康効果とたのしみ方

1. カカオポリフェノール ・・・・・・・・・・・・・・・・・・・・・・・・・・・・・・・・・・・ 190
2. チョコレートQ&A ・・・・・・・・・・・・・・・・・・・・・・・・・・・・・・・・・・・・・ 194
3. 味・香り ・・・ 196
4. マリアージュ ・・・ 200

CHOCOLATE column

・「ココア・ブーム」の火付け役!? ・・・・・・・・・・・・・・・・・・・・・・・・・・・ 193
・ショパンが愛した「ショコラ・ショー」 ・・・・・・・・・・・・・・・・・・・・・・ 195

特別付録

「チョコレート検定」問題集 ・・・・・・・・・・・・・・・・・・・・・・・・・・・・・・・ 204
・解答一覧 ・・ 208
・第8回チョコレート検定の結果から 傾向と対策 ・・・・・・・・・・・・・ 209

INDEX ・・・ 210
主な参考文献 ・・・ 215
巻末特別企画　チョコレート香味評価のコミュニケーションツール
　　　　　　　　「フレーバーホイール」

2024年度 チョコレート検定 概要

- チョコレート検定は、チョコレートが好きな方ならどなたでも受けられます。
- 検定では、チョコレートの主原料であるカカオの秘密やチョコレートの製造法をはじめ、さまざまなチョコレートの種類、歴史、おいしく味わうための方法など、チョコレートに関する問題が幅広く出題されます。
- 「チョコレート スペシャリスト」「チョコレート エキスパート」「チョコレート プロフェッショナル」の3つの級が設定されていますので、ご自身の目標に応じてチョコレートにまつわる多くの知識を得ることができます。それぞれ単願、併願が可能です。
- それぞれの級のレベルや出題形式などは、下記の表のとおりです。
- 巻末の特別付録（204ジ〜）では、過去に実施された「チョコレート検定」の検定問題の一部を掲載しています。「チョコレート スペシャリスト」「チョコレート エキスパート」を目指す方にとって参考となる難易度の問題ですので、ぜひ検定対策にご活用ください。
- 2021年度からオンライン試験（CBT方式）を採用しています。

難易度	初級レベル	中級レベル	上級レベル
各級の名称とロゴマーク	CHOCOLATE SPECIALIST ★ チョコレート スペシャリスト	CHOCOLATE EXPERT ★★ チョコレート エキスパート	CHOCOLATE PROFESSIONAL ★★★ チョコレート プロフェッショナル
出題形式	オンライン試験（CBT方式）・4者択一形式（100問）／上級のみテイスティング試験を実施予定		
検定日程	初級・中級：2024年7月17日〜10月9日 上級：オンライン試験（CBT方式）2024年7月17日〜9月23日 テイスティング試験（会場集合型筆記試験）2024年9月29日		
検定時間	オンライン試験（CBT方式）60分　※上級のみテイスティング試験40分		
受検資格	チョコレートが好きな方ならどなたでも		
出題レベル	生産現場から最終商品に至る、カカオやチョコレートに関する幅広い知識を習得し、自らのチョコレートの世界を広げることができる方向けの初級レベル。	カカオやチョコレートに関する幅広い知識をもとに、友人・知人など自らが所属するコミュニティにチョコレートのたのしみの世界を広げる活動を行うことができる方向けの中級レベル。	カカオやチョコレートに関する幅広く、専門的な知識を持ち、自らチョコレート文化を世の中に発信できる、チョコレート好きの頂点を目指す方向けの上級レベル。
出題範囲	本書からの出題が中心。本書を学習すれば合格可能です。	本書からの出題が中心。本書を深く学習、理解すれば合格可能です。	本書および参考文献から幅広く出題。チョコレートに関して幅広い知識があれば合格可能です。 参考文献（215ジ）参照。
合格基準	正答率70%以上		オンライン試験＋テイスティング試験の正答率80%以上（※） ※オンライン試験（CBT方式）が正答率75%以上の方のみ、テイスティング試験を受検できます。

※合格基準、申し込み方法などの詳細は下記ホームページをご覧ください。

[チョコレート検定公式サイト] https://www.kentei-uketsuke.com/chocolate/

第1章
チョコレート
とは何か

食べたらたちまち幸せな気持ちになる──。
チョコレートは世界中で最も愛されている食べ物の1
つであり、私たちの生活に欠くことのできないものと
なっています。
なぜ、人はこれほどまでにチョコレートに魅了される
のでしょうか？　本章では、その独特の味わい、香り
がどのように生み出されるのか、チョコレートのおい
しさの秘密に迫ります。

1. チョコレートの魅力とは

「神々の食べ物」と称されたカカオは、今ではチョコレートとなって人々に愛されています。多くの人を虜にするチョコレートの魅力を探る旅を始めましょう。

チョコレートの "おいしさの秘密"

味

チョコレートは、もともとはすりつぶしたカカオに水を加えた飲み物でした。トウモロコシの粉やトウガラシなどを加えたスパイシーな飲み物が、砂糖を加えて甘い飲み物となり、その味は多くの人を虜にしました。のちに飲み物から固形の菓子へ変身したチョコレート。カカオが持つ苦味や渋味に、砂糖やミルクが調和し、よりおいしい味わいのチョコレートが誕生したのです。今ではさまざまな味のチョコレートをたのしむことができるようになり、私たちの選択肢も広がっています。

歴史

堅い殻に覆われたカカオ豆が、どのようにして食用に供されるようになったのか――。その歴史の不思議は、いまだ解明されていません。カカオは、紀元前2000年ごろからメソアメリカで栽培されていたと推定されますが、人々はなぜカカオ豆を発酵させ、香ばしく煎り、すりつぶして飲む、ということを思いついたのか。薬として、貨幣としても用いられたカカオ豆には、いまだに多くの謎が残されています。

口どけ

口に入れたとたんにとけ、香りが口の中いっぱいに広がるチョコレート。これは、チョコレートに含まれるココアバターが、人間の体温より少し低い温度で急激にとける(融点33.8℃)という性質があるからです。これもチョコレートの不思議の1つであり、"神様からの贈り物"といわれるゆえんです。

香り

チョコレートを作る工程のなかで、その魅力あふれる香りを生み出すのに最も重要なのが、カカオ豆の「発酵」と「ロースト」です。発酵には微生物の働きが深くかかわっています。さらに、ローストの時間や温度をどう設定するかによって、チョコレートの香りはさまざまに変化します。

◆ 世界中で愛されているチョコレート

　世界中、多くの国で人々に愛され、子どもから大人までみんなが大好きなチョコレート。とくにヨーロッパ諸国では、長い歴史のなかで生活や文化にとけこみ、チョコレートなしでは暮らせないといってもよいほどです。街を歩けば、伝統的なチョコレートを並べる店から、宝飾店と見まがうような装いの美しい専門店まで、本当に数多くのチョコレート店に出合います。

　ひとりで「ショコラ・ショー（温かいチョコレートドリンク）」をゆったりとたのしむ紳士、お気に入りのチョコレート専門店でクリスマスの贈り物を選ぶご婦人。そして、「チョコレート」という言葉を口にすれば、老若男女問わず、人々はお気に入りのチョコレートについて熱く語ります。ヨーロッパで見かけるこうした光景は、日常の暮らしのなかにチョコレートが深く根づいていることを感じさせます。

　この十数年で、日本のチョコレート市場も大きく変わりました。フランスやベルギーなど、チョコレートの本場といえる国々から数多くのチョコレート専門店が出店し、また国内でも上質のチョコレートを提供するチョコレート職人や専門店の数は格段に増えています。コンビニエンスストアやスーパーマーケットなどでも驚くほどおいしいチョコレートを手に入れることができ、日本のチョコレート市場はとてもにぎやかになりました。1人ひとりが好みのチョコレートを選び、たのしむことができるようになったのです。

　私たちの生活に欠くことのできない、とても身近な品となったチョコレート。その原料であるカカオ豆は、もともと古代のメソアメリカの人々の飲み物、「ショコラトル」の原料でした。チョコレートが今の姿になるまでに約5300年という長い歴史のなかで、文化的、社会的、そして技術的な波にもまれながら変化してきましたが、カカオにはまだまだ不思議なことが多く、それが今も完全には解き明かすことができないチョコレートの魅力にもなっています。

　歴史をたどり、チョコレートを取り巻くさまざまなストーリーや、遠く離れたカカオ生産地について知ることで、いつも気軽に口にしているチョコレートがさらに深くたのしめるようになるはずです。お気に入りのひと粒、1枚を見つけるため、そして、大好きなチョコレートをもっともっとおいしく味わうために、奥深いチョコレートの世界を訪ねてみましょう。

年に一度のチョコレートの祭典

特集 1

サロン・デュ・ショコラ

SALON DU CHOCOLAT

2023年最新レポート

　年に一度、毎年10月末ごろに5日間、パリのポルト・ド・ヴェルサイユ (Porte de Versailles) 駅近くの見本市会場で開催されるチョコレートの祭典「**サロン・デュ・ショコラ**」。2023年は28回目の開催となりました。世界各国から多くのショコラティエ、パティシエやカカオ生産者が集う約2万㎡の会場には、連日たくさんのチョコレート好きの人々が来場し、目を輝かせて笑顔でチョコレートをたのしむ姿が見られました。サロン・デュ・ショコラは、今や世界最大規模に拡大しましたが、もともとはショコラに情熱を傾ける2人の実業家が1995年にスタートさせたチョコレートイベントです。

　2023年は前年と同様にホール5で開催されました。1階は50以上の出展者が並び、ベネズエラ、ペルー、ハイチ、ガーナなど、さまざまなカカオ生産国からの出展とB to B（業務用）のコーナー、子ども向けのワークショップなどを行う「SALON DU CHOCOLAT JUNIOR」がありました。メインとなる2階は

世界中から集まった

国際色豊かなブース

150弱のブースが並び、メインステージのほかにセミナースペースとコンクール会場も設置され、コロナ禍で数年開催されなかった「Espace Japon（日本ブランドのセミナースペース）」も復活しました。2階はフランス国内からの出展が70％以上と大半を占め、次いで多いのが日本からの出展で10ブランドでした（フランスに店舗を構える日本人ショコラティエも含む）。その他、ヨーロッパからはイタリア、スイス、ハンガリーなど、アフリカのマダガスカル、中東からサウジアラビア、レバノン、アラブ首長国連邦、トルコなどの出展もありました。1階、2階を合わせるとブースの数は約200となり、前年の出展数とほぼ同じ規模でした。

2023年の特徴として、ショコラティエやチョコレートメーカーが減少傾向の一方、菓子やヴィエノワズリー（菓子パン類）などを扱うパティスリーが増えた印象を受けました。サブレの専門店や、大きなマドレーヌやクロワッサンが並ぶパティスリー、また、さまざまな種類の中東の菓子やデーツを扱う店など、いわゆる

板チョコレートやボンボンショコラとは違う商品が増え、チョコレートというよりは
バラエティーに富んだ "お菓子を楽しむイベント" になりつつあると感じました。

　そしてもう1つの特徴は、1階に出展していたカカオ生産者に対する消費者の
関心の高さです。ブースでは、各国から来ている生産者やチョコレート製造に
携わる人々が販売にあたっているため、カカオ豆の生産状況や製造工程の詳

色とりどりの菓子や
ヴィエノワズリー（菓子パン類）が並ぶ

パリの高級ホテルHotel Lutetia（ホテル ル
テシア）のマスコット犬、Lulu（ルル）がチョ
コレートになってずらりと並ぶ5mのタワー。

14

細を聞くことができます。各ブースはカカオ豆や板チョコレートを試食しながら熱心に話を聞く人たちで混雑していました。前年あった「VILLAGE BEAN TO BAR FRANCE」のコーナーが2023年はありませんでしたが、会場全体を回ると、各所にBean to Barであることを掲げたショコラティエやチョコレートメーカーがあり、その潮流が続いていることがわかります。

サブレの専門店も出展

デーツのチョコレートがけなど、中東の食材を取り入れた菓子も。

会場を豪華に彩る

チョコレートのオブジェ

前夜祭でモデルが実際に着用したチョコレートのドレスも展示。

カカオ産地ごとの特徴をたのしめる板チョコレート

15

さまざまなBean to Barを飾ったコーナーも。　　　　　2023年も多くの人でにぎわった。

　会場内では、出展者と話をしながら試食をしたり買い物をしたりするのもたのしみですが、サロン・デュ・ショコラならではといえるのが、チョコレートのドレスやオブジェの展示です。開催前日、前夜祭のステージでモデルが着用したチョコレートのドレスが陳列され、その細部を間近に見ることができました。また、会場内でひときわ目を引く高さだったのが、チョコレートの彫刻。Hotel Lutetia（ホテル ルテシア）のチーフパティシエであるNicolas Guercio（ニコラ・ギュエルシオ）氏が手がけたタワーは高さ5m。シャー・ペイという犬種で、ホテルのマスコットのLulu（ルル）がモデルです。一体、何頭いるかわからないくらい、たくさんの子犬が飾られていました。チョコレートを150kg使用し、200時間かけて作ったそうです。

　その他、フランス菓子職人組合（Confédération Nationale des Artisans Pâtissiers Chocolatiers）が主催するフランスの菓子賞「The Trophée International de la Pâtisserie Chocolaterie Française」が開催され、アマチュア部門では16名、プロフェッショナル部門では各国を代表する8名が出場し、コンテスト会場の周囲ではその熱戦を多くの観客が見守っていました。

　年々、高級ショコラティエやメジャーなチョコレートブランドの出展は減っており、イベント自体が少しずつ変化していると感じますが、この数年、サロン・デュ・ショコラのサブタイトルに「MONDIAL DU CHOCOLAT & DU CACAO ET DE LA PÂTISSERIE（世界のチョコレートとカカオ、そしてパティスリー）」と付け加えられたことがイベントの方向性を示していると思います。チョコレートに加えてガトー（ケーキ）や焼き菓子、ヴィエノワズリーも含めたバラエティーに富む菓子が一堂に会し、いろいろな商品に出合えるたのしさは健在。フランス国内でもパリ以外に拠点を構えるブランドや新しく立ち上げた店もあり、新たな発見があった5日間でした。

特集2　カカオ・チョコレート業界のSDGs関連レポート

　カカオにまつわる世界的な課題として、児童労働や森林伐採、貧困などの言葉を聞いたことがある方も多いと思います。カカオとそれを原料にするチョコレートをサステナブル（持続可能）なものにするために、チョコレート業界では幅広い取り組みが行われています。世界のカカオ関連のSDGs（エスディージーズ／持続可能な開発目標）を考えるときに、個別企業や業界全体を超えて、生産国と消費国間の問題として議論し、解決策を探ろうという動きが活発化しています。

　生産国における問題としては、カカオ生産者の収入が少なく、とくに西アフリカでは貧困状態にある農家が多いことがあげられます。教育を受けられず、設備や植栽材料を持っていないため、カカオの収穫量や農園の広さも十分ではなく、家族の生活を支えることが困難な場合があります。そのような現状を改善するため、公正な価格で買い取るフェアトレードに取り組む企業や、カカオの価格を上げるためにも現地に入って技術指導を行い、品質向上と収量増加につながる取り組みを行っている企業もあります。近年は、雨量の増減や

17

天候不順といった気候変動の影響により、カカオの収量が減少し、それに伴って農家の収入が減少するなど、貧困の原因は1つではなく複雑に絡み合っているといえます。収入が少ない農家がカカオの栽培をやめて他の作物に転換することもあります。カカオが安定的に生産されなければ、私たち消費国にとってはチョコレートが手に入りづらくなるといった影響が出てきます。

　また、カカオ生産地では、子どもが教育機会や健康を奪われて働く児童労働も問題になっています。例えば、認定NPO法人ACE（エース）では、ガーナの村で子どもの教育やカカオ農家の自立を支援し、地域ぐるみで児童労働を予防、解決する仕組み作りを行う「スマイル・ガーナ プロジェクト」を実施しています。その活動地域で生産されたカカオ豆や加工された原料を商社が輸入し、企業が商品化することで、チョコレートを通じて支援できる活動にもなっています。さらに、ガーナ政府と協働で、児童労働を予防、解決する仕組みを整備している地域を「児童労働フリーゾーン（CLFZ）」として認定し、広げていく国の制度作りも行っています。

　消費国としての取り組み、サステナブルカカオの活動については、欧米のグローバルチョコレートメーカーが先導して行ってきた流れがあります。スイスに本拠地を置くバリーカレボーでは、「サステナブルなチョコレートを当たり前にする」という目標を掲げています。同社の「フォーエバーチョコレート」という取り組みでは、たとえば2025年までに50万人以上のカカオ農家を貧困から解放することなど、達成すべき4つの目標を設定しています。また、2015年に同社が設立した非営利団体ココアホライズン財団では、「生産者の繁栄」「自立したコミュニティ」「自然を豊かに」の3つの分野に焦点を当て、課題解決に向けたインパクトのある活動を展開しています。そのなかの1つ「生産者の繁栄」に関しては、13万6460人の生産者が個々の農園のレベルに応じた新しい農業のビジネスプランを利用することができました（前年度から58％増加※）。「自然を豊かに」に関しては、森林を破壊せずに栽培されたココアホライズン認証カカオが88％

ガーナ

「スマイル・ガーナ
プロジェクト」

であったことやカカオ及び日よけ用の苗木（約590万本※）を生産者へ配布したことなど、活動の進捗状況も公開しています。「自立したコミュニティ」では、カカオ生産コミュニティを低リスク、中リスク、高リスク

ウガンダ

に分類することで、児童保護への介入に優先順位をつけ、政府やコミュニティと協力して体系的な活動を実施しています。95％の生産者グループが、児童労働を防止、監視、是正するためのシステムを導入しています[※]（※数字データは「ココアホライズン年度末レポート2021／22年度」より）。

　一方で日本の企業や日本人がかかわる取り組みも出てきており、株式会社明治では2026年度までに明治サステナブルカカオ豆の調達比率を100％へ、と掲げています（具体的な活動例は20〜23㌻）。2022年度の明治サステナブルカカオ豆の調達率は62％でした。ウガンダのFarm of Africaでは日本人夫妻がカカオとバニラの自社農園の管理、地域のカカオ農家への技術指導や買い付けを行い、現地の人々の雇用に貢献しています。また東京のチョコレートブランドMAMANO CHOCOLATEでは、生産者の約70％が女性というエクアドルの農園からオーガニックカカオを自社輸入し、チョコレートの製造販売を行っています。仲介を通さずに直接購入するため、現地の人々の収入と生活の改善にもつながっているとのことです。

　そのほかチョコレート業界では、カカオの生産を持続可能なものにする取り組みの一環として、カカオハスク（カカオ豆の種皮）をアップサイクル（25㌻参照）する動きが出てきています。「アップサイクル」とは、持続可能なモノ作りの方法のひとつで、リサイクル（再資源化）とは異なり、元の製品よりも価値が高いものを生み出すことを目的とします。たとえば、カカオハスクを使った器やバッグ、ストールといった雑貨類などがあります。明治でも、チョコレートの原料として使用してこなかった部位も含めてカカオをまるごと活用する、ホールカカオの取り組みを始めています。

　国内外の企業やチョコレートブランドにおいて大小さまざまな取り組みがありますが、カカオ生産者も私たち消費者も笑顔になる持続可能な未来のために、消費者にもできることがあります。価格の安さだけでチョコレートを購入するのではなく、どのように生産、取引されたカカオ豆を使っているのかなど、その商品の背景を知って選ぶということが重要なアクションになります。おいしいチョコレートを楽しみながら、生産国と消費国のよい循環やチョコレートの未来につながる一歩になればうれしいですね。

生産国でのチョコレートメーカーの活動例

　カカオ生産国は、児童労働や森林減少などを含め、さまざまな社会課題に直面しています。こうした課題に向き合い、カカオ農家を支援する活動が世界のカカオ産地で行われています。株式会社 明治（以下、明治）によるカカオ農家支援活動「メイジ・カカオ・サポート（MCS）」を見てみましょう。

メイジ・カカオ・サポート

　メイジ・カカオ・サポートは、2006年に始めた明治独自の「カカオ農家支援活動」です。産地に直接足を運び、産地が抱えるさまざまな課題に合わせた支援を行っています。

　児童労働に関しては、とくに課題が指摘されているガーナにおいて児童労働監視改善システム（CLMRS、24ず参照）を順次導入し、撲滅に向けた取り組みを推進しています。森林減少に関しては、農家に対して森林保護や回復に関する情報提供や、農業生産工程管理に関する教育を実施するとともに、シェイドツリーの苗木配布などを実施しています。さらに、カカオの栽培方法に関する勉強会や、発酵法などの技術支援を行い、高品質なカカオ豆の生産を推進したり、農家の生活向上のために、井戸の整備や学校備品を寄贈したりしています。

　カカオ産地の社会課題解決に向け、以下のパートナーとも連携しています。
パートナー
● **WCF** (World Cocoa Foundation)
WCFは、カカオ産業全体を持続可能なものにするために農家やコミュニティの支援を行うNPOです。明治は2006年に加盟しました。
● **CFI** (Cocoa & Forests Initiative)
カカオにかかわる森林破壊を止め、森林を保全するためのイニシアチブで、明治は関連団体やガーナ政府と協力しながら活動しています。
● **ICI** (International Cocoa Initiative)
西アフリカのカカオ産地での児童労働・強制労働撲滅を目指して設立されたNPOです。明治は2021年に加盟し、活動を進めています。

ガーナ共和国での農家支援

　児童労働撲滅に向け、CLMRS（24ページ参照）を導入。コミュニティの状況を把握し、問題があった場合には是正を図っています。児童労働の定義や防止などについて学ぶ勉強会も実施しています。森林減少停止については、GPSマッピング（24ページ参照）やアグロフォレストリー（24ページ参照）の実践に取り組んでいます。

　また、カカオ豆購入の際に一定金額を上乗せし、その資金で地域の支援活動を行う仕組みを実施。明治の社員が定期的に現地訪問するなど、双方の顔が見える形で支援を行い、交流を深めることでパートナーシップを強化しています。

ファーマー・トレーニング・スクールの開催
栽培方法、健康や安全、環境（森林減少）、児童労働、人権などについて学ぶ。

アグロフォレストリーの実践
収入安定と環境改善を目的としてアグロフォレストリー（24ページ参照）を実践している。

クライメート・スマート・ココア（CSC）トレーニングの実施
気候変動にも対応したカカオ栽培についての勉強会を開催。

苗木センターの開設
周辺農家が苗木を入手しやすいよう、苗木センターを開設。苗木の無償配布も行う。

手作りチョコレートクラスの開催
自分たちの村で収穫されたカカオ豆を使ってチョコレートを作る。カカオ産業の重要性なども学ぶ。

井戸の寄贈
どの村でも生活用水の確保は重要で、井戸は大いに役立っている。

明治社員の現地レポート

•ガーナの村の長に！　金のブレスレットに尊敬のまなざし

　今、私はガーナのある村の開発責任者であるディベロップメント・チーフという立場にあり、「ナナ」と呼ばれています。ガーナは大統領のいる立憲国家ですが、何百年も前から続くチーフ制度という伝統的な社会制度が今でも存在しています。村ごとにチーフと呼ばれる、絶大な尊敬を集める村の長あるいは王様のようなリーダーがいて、その村を治めているのです。そして、その称号が「ナナ」です。

　ディベロップメント・チーフは外国人がなれる唯一のチーフですが、ガーナ国民なら誰でもそれとわかる金細工付きのブレスレットをしているので、「どこの村のナナですか」とか「名は何といいますか」などと話しかけられ、尊敬のまなざしを向けられます。そして、その集めた尊敬は、村の発展への貢献という形で返さねばなりません。

•ほんとうに必要な活動

　メイジ・カカオ・サポート（MCS）に対する村の人々の受け止めは、私たちが訪問したときの歓迎ぶりでよくわかります。カカオ栽培技術に関するトレーニング・スクールなどはもちろん好評ですが、最も評判がいいのがアート・スクールです。カカオを題材に絵を描いたり、工作をしたりとさまざまな活動をたのしんでもらいつつ、カカオにももっと興味を持ってもらおうという試みです。モノやカネも必要ですが、こうした交流も大事なMCSの活動の1つです。

•明日のカカオ農業のため

　ガーナも日本と同じく、農家の高齢化が進んでいます。カカオ農業は、収穫後に発酵、乾燥を行うなど他の作物よりも手間暇がかかるので、若者も敬遠しがちです。明日のカカオ農業の担い手には、「苦労はあるけれど、儲かるからやってみよう」と思わせるようなビジネスモデルを作り、示したいと考えています。先祖代々受け継がれてきた土地だから、ではなく、ビジネスとしてカカオ農業をとらえ、持続可能なものにしていけるような人材作りの手助けが少しでもできればうれしいですね。

•生まれた曜日で名前が決まる！

　さて、お役立ち情報を1つお教えしましょう。ガーナでは、生まれた曜日にちなんだ名前をつけることがあります。民族や言語で異なるようですが、たとえば、日曜日生まれの男の子は「クワシ」、女の子は「アコシア」。曜日別、男女別なので全部で14種類。ガーナでは生まれた曜日が大切なこととされています。自己紹介のときに、自分の曜日別の名前が言えれば受けること間違いなしです。

中南米諸国で行っている農家支援

•ベネズエラ

カカオ苗木の無償配布をはじめ、一部地域に
発酵箱を寄贈。明治独自の発酵法導入により、
高品質カカオ豆の生産支援を進めています。

•ブラジル

ベネズエラでの苗木配布。

森林保全を推進するアグロフォレストリー農園
を支援。明治独自の発酵法の導入や、肥料の寄贈などを行っています。

•ペルー

剪定機や除草機などの無料貸し出しを行う農機具バンクを設立。さらに、発
酵箱の寄贈など、高品質カカオ豆の安定生産を支援しています。

•ドミニカ共和国

明治独自の発酵法を導入し、高品質カカオ豆の生産を支援。さらに学校・病
院の補修、子どもたちへの学用品寄贈などを行っています。

•エクアドル

剪定機、除草機、防護服、日よけ帽子など農作業に必要なものを寄贈してい
ます。

•メキシコ

提携農園周辺でのコミュニティ支援、公園や通信環境整備を支援。希少なホ
ワイトカカオ種の保存や栽培なども行っています。

マダガスカルでの活動

　JICA（国際協力機構）の支援により「持続可能なカカオ産業の基盤作りにかか
る普及・実証・ビジネス化事業」としてプロジェクト化。この活動がSDGs推
進に貢献する取り組みとして評価され、明治がJICAの「JICA-SDGsパート
ナー」※として認定されました。

※「JICA-SDGsパートナー」とは、JICAとの関係を有する日本国内の企業・団体のうち、SDGsに積
　極的に取り組んでいる団体に与えられる認定制度です。

ベトナムでの農家支援

　カカオ豆の価値を引き出すための研究開発を推進。高品質のカカオ豆を導
入することで、カカオ農家の安定した暮らしを支援しています。

カカオ産業を取り巻くキーワード

CLMRS（Child Labor Monitoring and Remediation Systems）

　カカオを生産する国や地域によって
は、子どもたちが学校に行けずに危
険な労働に従事するといった問題も
起きています。カカオ産地での児童労
働撲滅のための活動を推進するNPO、
ICI（20ジ参照）は、独自に児童労働監
視改善システム「CLMRS（Child Labor
Monitoring and Remediation Systems）」

を開発。「CLMRS」は①啓発活動②児童労働の特定③改善支援④フォロー
アップのステップからなります。日本の企業も、このシステムを導入し、児童労
働撲滅に向けた活動の推進をしています。

森林減少停止に向けたGPSマッピング

　カカオ産地の社会課題に森林減少があります。
カカオ農園にかかわる森林減少を停止し、森林
を保護・回復することを目的とした取り組みとし
て、GPSを使ったマッピングが行われています。
農園の各種情報を収集・保管して、農園が森
林減少に関与していないことを確認するとともに、
トレーサビリティー（生産履歴の追跡）を確立します。

農園の境界をスマートフォンを持っ
て歩き、GPSでマッピング。

アグロフォレストリー

　アグロフォレストリー（Agroforestry）とは、農業（Agriculture）と林業（Forestry）
という2つの言葉を組み合わせたもので、「森をつくる農業」と呼ばれています。
この農法は、1929年にブラジルへアマゾン移民として渡った日本人によって
確立されました。自然の生態系にならい、多種の農林産物を共生させながら
栽培する農法です。持続的な土地利用により森林を再生しようとするこの手法
は、農家の経営安定につながるとともに、生物多様性の保持や二酸化炭素
（CO_2）削減効果が期待され、ここ数年、地球規模の環境対策の1つとして世

界的に注目を集めています。

　明治では、ブラジル・トメアスーの農園限定のカカオ豆を使用したチョコレート「アグロフォレストリーチョコレート」を、2011年3月から全国で発売しました。トメアスー農協（CAMTA）と協力して、発酵・乾燥方法の研究を行い、高い品質のカカオ豆を持続的に購入する契約を締結しています。日系ブラジル人が中心となって取り組んでいるアグロフォレストリー農法を持続的に支援するとともに、アマゾンの森林再生に貢献しています。

●**アグロフォレストリーの変遷**（例）

フェアトレード

　カカオを生産する国や地域によっては、貧困が問題になっています。この問題解消に取り組むべく、消費者が公正な価格を支払い、長期的に安定した取引を行うことで、生産者の経済的自立と社会発展を支援する「フェアトレード」のチョコレートが1990年後半から登場しました。

　また、環境保全と生産者の安全を訴えるフェアトレードのチョコレートにはオーガニック製品が多く、その観点から商品を購入する人も多いといわれています。自分が購入したチョコレートの一部が、生産者支援につながることに意識的な消費者も増えつつあります。

アップサイクル

　アップサイクルとは、本来使用することのない素材に新たな価値を付与して、まったく別の製品へと生まれ変わらせることで、「創造的再利用」とも呼ばれています。

　近年、チョコレートの製造工程で取り除かれる「カカオハスク」（カカオ豆の種皮。シェルとも呼ばれる。

カカオハスク。

38ページ参照）のアップサイクルに取り組む企業が増えています。カカオ産地への支援につなげたいという企業が、業界を超えて協業し、雑貨や布製品など、食品以外への活用にも取り組んでいます。

2. カカオを知る旅

チョコレートは、どのような変遷を経て現在の形になったのでしょうか。それを知るにはチョコレートの主原料である「カカオ」を知ることから始めなくてはなりません。カカオからチョコレートに至るまでの概略を見てみましょう。

◆ カカオからチョコレートへ

いつも気軽に口にしているなじみのあるお菓子、チョコレート。現代では、私たちの生活に欠くことのできないとても身近なお菓子となっています。日本だけではなく、ヨーロッパ諸国やアメリカなどではもっと生活や文化に密着しており、チョコレートなしでは暮らせないといってもよいほどです。

では、チョコレートが現在の形や味になるまで、どのような歴史と変遷があったのでしょうか。奥深いチョコレートの世界に足を踏み入れる第一歩として、まずチョコレートの原材料である「カカオ」を知るところから始めましょう。

チョコレートはカカオ豆から作られます。姿も形もまったく違うこの2つはどのような関係なのでしょうか。

カカオ豆　　　　**チョコレート**

姿も形も異なるカカオ豆とチョコレート。チョコレートを知ることはカカオを知ることから始まる。

さまざまなチョコレートやチョコレートを使った菓子

普段、私たちが口にしているさまざまなチョコレートや菓子。カカオ豆がチョコレートになった後、いろいろなタイプの菓子に加工され、多くの人々に親しまれている。

　チョコレートを知ることは、カカオを知ることです。それは、長い歴史をさかのぼるロマンある「カカオの旅」です。まずはこの「カカオを知る旅」をたのしみながら、カカオとチョコレートの知識を身につけていきましょう。

◆ 「神々の食べ物」として珍重

　カカオは、「**テオブロマ カカオ リンネ**（*Theobroma cacao Linne*）」という学名を持つアオイ科[※]の植物です。18世紀にスウェーデンの植物学者リンネが命名しました。ギリシャ語でテオは神々、ブロマは食べ物を意味します。すなわち、カカオはその名のとおり「**神々の食べ物**」として珍重されていたことがうかがえます。

　古代**メソアメリカ**（現在のメキシコの南半分からグアテマラ、ベリーズ、エルサルバドルとホンジュラスの西半分地域）では、神々に捧げられた特別な作物であり、カカオの実を神に捧げている石彫がメソアメリカ各地で出土しています。また、別の意味としては、カカオがまさしくおいしさと栄養のかたまりであり、神々の食べ物にふさわしいという説にもよります。なお、カカオの実は、英語では**カカオポッド**（Cacao pod）、フランス語では**カボス**（Cabosse de cacao）といいます。

※かつてはアオギリ科の植物とされてきましたが、近年、アオギリ科はアオイ科の一部になることが判明したため、本書ではアオイ科と表記しています。ただ、現在でもアオギリ科としている書物等もあります。

カカオの樹

カカオポッド

カカオポッド。この中には30〜40粒前後のカカオ豆が詰まっている。

◆ チョコレートはいつから存在する？

　チョコレートは長い歴史のなかで、文化的、社会的、そして技術的な波にもまれながら、磨かれ、洗練された変遷を経て現在の姿になりました。果たしてその歴史はどれほどさかのぼれるのか、そして、そもそもチョコレートという言葉はどう

いう意味なのか。その語源はまだわかっていませんが、チョコレートという言葉は、スペイン語の「チョコラテ（Chocolate）」の英語読みです。

　チョコレートの原料であるカカオは、16世紀初めにメキシコを征服したスペイン人によってヨーロッパに広められましたが、**紀元前2000年ごろ**からメソアメリカで栽培されていたと推定され、オルメカ文明の時代に、人類最初のカカオ利用が行われたといわれていました。しかし、2018年10月エクアドルの遺跡から発見されたものをもとに、カカオが紀元前3300年ごろに食用として摂取されていたとする新説が発表され、今、カカオの歴史はおよそ5300年といわれています。

　では、チョコレートはいつごろから食べられ始めたのでしょうか。現在のような食べるチョコレートになってからは、わずか170年ほどしかたっておらず、意外に新しい食べ物であるといえます。それまではもっぱら飲み物や精力剤として飲まれていました。最初は、カカオポッド

新世界から到来した新しい飲み物としてカカオはヨーロッパで珍重された。17世紀のヨーロッパの書物にも飲み物としてのチョコレートをたのしむ人の様子が描かれた挿絵が残っている。

CHOCOLATE column

カカオ豆は「貨幣」だった

　古代から中世のメソアメリカでは、カカオ豆に神秘的な力があると信じられ、儀式の捧げ物や薬などに用いられるほか、貨幣としても利用されていました。王家の金庫には莫大な量のカカオ豆が貯蔵されていたのだとか。農民は年貢をカカオ豆で納めることもあり、兵士や宮廷の使用人への給料もカカオ豆で支給されていました。16世紀の記録によると、メキシコでは、カカオ豆1粒でトマト（大）1個、100粒で野ウサギ1羽が買えたそうです。飲み物（ショコラトル）としても大切なものでしたが、飲むことができたのは王族、貴族、特権階級だけでした。

の中の白い果肉（パルプ、31ジ参照）を鳥や猿が食べていたと考えられますが、いつしか人間がカカオ豆をすりつぶし、飲み物とするようになったのです。それはザラザラしていて、ドロッと濃く、甘味がなく、トウガラシやトウモロコシなどの粉を混ぜたスパイシーなものでした。

　この飲み物は、1521年にアステカ帝国を征服したスペイン人エルナン・コルテスが持ち帰り、やがてその存在がヨーロッパに紹介されると、長い歳月をかけて徐々に工夫され、ヨーロッパ人の嗜好に合わせた甘い飲料となって広まっていきました。19世紀に入ると、技術革新の波がチョコレートにも及び、飲料として飲みやすくするためにココアプレス（搾油）技術が発明され、1847年には「イーティングチョコレート」、つまり「食べるチョコレート」が誕生しました。1876年には、ミルクをブレンドしたミルクチョコレートがスイスで考案され、ついに現代のチョコレートの原形といえるものが誕生したのです（149ジ参照）。

カカオ豆と人類との出合い

　紀元前から、高貴な人だけが味わうことができる貴重な飲み物として、大切に育まれてきたカカオ。それが私たちにとってなじみのある固形のチョコレートになるまでには、ヨーロッパに渡ってからの長い試行錯誤の歴史がありました（第4章「チョコレートの世界史」参照）。

　その結果、チョコレートはヨーロッパが発祥の地だと思っている人も多いことでしょう。しかし、人類がアメリカ大陸に到達したのは、今から約1万5000〜1万年前。それからしばらく経過したころに人類はカカオに出合ったと推測されています。南北アメリカ大陸の先住民は、モンゴロイドに近い特徴を持っています。アジア大陸からベーリング海峡を渡ってアメリカ大陸へと到達した人類、つまり日本人と同じ遺伝子を持ったモンゴロイドが、初めてカカオ豆に遭遇し、その堅い実をすりつぶして飲むという大発見をしたのです。

　中南米の先住民の血を引く人たちのなかには、今でも、まるで日本人ではないかと思うような顔立ちの人がいます。1万年以上の時を隔ててはいますが、日本人と同じモンゴロイドの人たちが、カカオを最初に発見したのです。

3.カカオの生態

カカオの樹や実は、日ごろ、私たちが親しんでいるチョコレートからは程遠い姿をしています。カカオが植物として発芽して実を結ぶまで、そして収穫から出荷されるまでの流れを見ていきましょう。

❶ 発芽～成木

高さ**6～7m**、幹の太さは10～20cmの成木になります。カカオは苗から育てた場合、**3～4年目**ぐらいから結実します。カカオの樹は風に弱く、直射日光を好まないため、樹が大きくなるまで一般的には**日陰樹**（シェイドツリー）を必要とします。また、この日陰樹として一般的なのが**バナナ**の樹です。

カカオの発芽

❷ 開花

枝先だけでなく幹の太いところにもかわいらしい花をつけ、1年中咲きます。大きさは1cm程度、色は樹の種類によって、白、ピンク、バラ色、黄、赤などさまざまです。香りは人間にはあまり感じられないほどですが、虫が感じられる程度の弱い香りを放って受粉をうながします。

カカオの花

❸ 結実

受粉した花は、結実して約6カ月後に収穫時期を迎えます。その実は「カカオポッド」と呼ばれ、ラグビーボール状に成長します。**1年に2回収穫が可能**です。長さ約15〜20cm、直径7〜15cm、**重さは250g〜1kgにもなる実が、1本の樹に年間で10〜40個ほどつきます**※。幹の太いところに直接、大きな実をいくつもぶら下げるのも特徴です。

成熟したカカオポッドは、厚さ約1cmの堅い殻を持ち、その中

カカオの実

カカオポッドの断面図

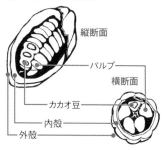

縦断面
パルプ
横断面
カカオ豆
内殻
外殻

（引用:明治製菓株式会社 お菓子読本）

にあるパルプと呼ばれる白くヌルヌルとした甘酸っぱい果肉がカカオ豆の周囲に存在します。1個のカカオポッドの中には、30〜40粒ほどのカカオ豆が入っています※。このカカオ豆はカカオの樹の種子そのもので、土壌に植えれば芽が出ます。

※品種や産地によります。

❹ 収穫とポッド割り

収穫は、ナタや、長い棒の先にナイフをつけた道具でカカオポッドを切り落として行います。その後、ナタや木の棒を使ってカカオポッドを割り、中に入っているカカオ豆を白いパルプごと取り出します。

収穫したカカオポッド

ポッド割りの様子

半割りにしたカカオポッド

❺ 発酵

　収穫したカカオポッドからカカオ豆だけを取り出して、すぐにローストすることはできません。まずカカオポッドからカカオ豆をパルプごと取り出して、それを**バナナの葉で覆ったり、木箱に入れたりして発酵する**のを待ちます。高温多湿の自然環境と天然の微生物の働きにより発酵は進んでいきます。

　はじめ、カカオ豆をしっかりと包んでいた白いパルプは、発酵の過程で微生物によりほとんどが液化して消失し、パルプに包まれていたカカオ豆が現れます。ここで、ようやくカカオ豆だけを取り出すことができるのです。

　この時点のカカオ豆は、発酵により化学変化を起こしたためチョコレート色に変化し、独特の香りを放つようになります。そして、後の工程（ロースト）でチョコレートの香味となる前駆体※が生成されます。発酵は、チョコレートのおいしさを左右する重要な工程なのです（発酵の詳細は42ﾍﾟ参照）。

※化学反応などによってある物質が生成される前
　段階にある物質。

カカオポッド
から取り出し
たカカオ豆

発酵前の
カカオ豆

バナナの葉で
覆って発酵さ
せている様子

発酵中

木箱に入れて
発酵させてい
る様子

❻ 乾燥

　発酵後のカカオ豆は水分を多く含んでいます（約40％以上）。そこで、貯蔵や輸送中におけるカビの発生を防ぐため、カビが増殖しない水分域である約7％程度になるまで、天日乾燥または機械で人工的に乾燥させます。

天日乾燥の様子

❼ 出荷

　乾燥が終わったカカオ豆は、品質検査を経て主に麻袋に詰められ、消費国へ船舶で輸出されます。ここまでがカカオ生産国での仕事です。

カカオ豆の
入った麻袋

カカオ豆を検査
している様子

CHOCOLATE column

カカオ豆の発酵の不思議

　1個のカカオポッドには、パルプに包まれた数十粒のカカオ豆が入っています。カカオ豆はパルプとともに数日〜1週間ほどバナナの葉で包んだり、木箱に入れたりして発酵させます。人の手やポッドを割ったときに使ったナイフ、バナナの葉、木箱などに常在する微生物の働きが発酵をうながすのです。

　じつは、カカオ豆の発酵は科学的に未解明な部分が多く、どんな微生物が働いているのか、よくわかっていません。しかし、生産地によって品質が大きく異なるのは、働いている微生物が違うことが理由の1つだと考えられるのです。

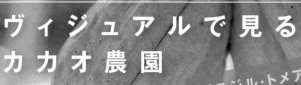

ヴィジュアルで見る カカオ農園

ブラジル・トメアスー

結実

カカオ農園の様子。
太い幹にたわわに実る
カカオポッド。

**収穫と
ポッド割り**

1つ1つ、手作業で
カカオポッドを割り、
カカオ豆を果肉ごと
取り出していきます。

発 酵

数日間かけて発酵させます。
乾燥を防ぐためにバナナの葉をかけます。

乾 燥

天日でじっくり
乾燥させます。

4. カカオ豆はこうしてチョコレートになる

カカオ豆は生産国で発酵、乾燥までが行われます。乾燥したカカオ豆は袋詰めにされ、工場へ。巨大な精密機械を何台も経て完成される、「食品の重工業」とも呼ばれるチョコレートの製造工程を見ていきましょう。

◆ チョコレートの製造工程の流れ（板チョコレートを例に）

① 原料の受け入れ → ② 選別 → ③ ロースト → ④ 分離 → ⑤ 磨砕 → ⑥ 混合 → ⑦ 微細化 → ⑧ 精練 → ⑨ 調温 → ⑩ 充填 → ⑪ 冷却 → ⑫ 型抜 → ⑬ 検査・梱包 → ⑭ 出荷

※この工程は、豆ロースト法の例です。ニブロースト法の場合、③・④の工程が逆になります。

❶ 原料（カカオ豆）の受け入れ

発酵・乾燥を終えたカカオ豆は、生産国から設備が整った工場へと運ばれていきます。小規模な農家で作られたカカオ豆はワインの原料となるブドウと同様、年によっても品質はさまざまです。しかし膨大な量のカカオ豆が集まってくることで、一定の品質をクリアしたチョコレートの原料となります。

❷ 選別（クリーナー）

悪い豆や石、砂、ゴミなどの異物を取り除き、よいカカオ豆だけが残ります。生産国でのカカオ豆処理中に混入した異物を、風選や比重選別、マグネットによる磁性金属除去などによって取り除きます。異物を除去されたカカオ豆は品

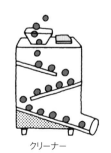

クリーナー

種ごとにサイロ※に貯蔵され、必要に応じて次の工程に送られます。
※収蔵する倉庫や容器。

❸ ロースト

　100〜140℃の熱を加えて、カカオ豆独特の香
りと風味を引き出します。チョコレートの香気はロー
ストによって決定されます。コーヒー豆と違い、カ
カオ豆はほとんど焦がさず、焦げる寸前のところで
止めなければならないので、非常に難しい作業で
す。どんなロースターを使っているかは企業秘密で
もあります（ローストの詳細は44ページ参照）。

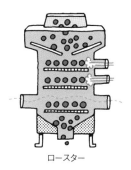

ロースター

　ローストによって生じる香りの成分は、1000種
類以上あることがわかっています。香気成分はフ
ルーツ調、ハーブ調、甘い香りなどさまざまです。
しかし、各々の成分がチョコレートの香気にどのように寄与し、相互に影響し
合っているかは、完全にはわかっていません。

　カカオ豆のローストの方法にはいくつかの方式があり、どの方式で行うかに
よって、できあがるカカオマス（チョコレートの主原料）の品質も異なってきます。代
表的なものとして、カカオ豆をそのままローストする**豆ロースト法**と、カカオ豆を
粗く砕き、シェル（種皮）などを取り除いたカカオニブ（胚乳部）の状態でロースト
する**ニブロースト法**の2つがあります。

　上のイラストは、豆ロースト法を簡略に説明したものです。カカオ豆は上部
から供給され、棚にのせられます。棚は開閉式になっていて、順次開いていく
ことで、カカオ豆を上から下へと移動させます。その間、カカオ豆は熱風によ
り加熱ローストされます。ローストが終了したカカオ豆は、余熱による影響を避
けるためにすぐ冷却されます。

　豆ロースト法の場合、ローストを終了したカカオ豆は次の工程でシェルとカカ
オニブとに分離されます。これは次ページで説明しますが、この工程もカカオ
豆処理において重要なステップです。

❹ 分離（皮を取り除く）

カカオ豆を粗く砕き、シェル（種皮／カカオハスクとも呼ぶ）などを取り除き、カカオ豆からカカオニブを取り出します。この作業をウィノーイング（風選）といい、これを行う装置はウィノワと呼ばれます。

粗く砕かれたカカオ豆は、シェルとカカオニブが混在しています。ふるいによって分離し、さらに細かいふるいで分離する操作を連続的に行います。シェルとカカオニブの混合物は上方へ流れる気流

ウィノワ

の中に放出されますが、シェルは鱗片状のため巻き上げられて上昇し、カカオニブは粒状なので下へと落ちます。こうしてシェルとカカオニブが分離されます。

❺ 磨砕（すりつぶす）

ウィノーイング処理で取り出されたカカオニブは細かくすりつぶされ、ペースト状のカカオマスになります。カカオニブは繊維質が多いため非常に堅く、さまざまな装置を組み合わせて粉砕していきます。その過程で、カカオニブに含まれるココアバター（油脂）の存在により、固体のカカオニブは粘度のある液体になります。

右のイラストは磨砕機の一例として、ボールミルに粒度の粗いカカオマスが供給され、上に流れていくなかで細かくなっていく様子です。円筒内で攪拌羽根が鉄球を動

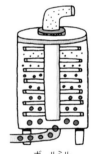

ボールミル

かし、その間をカカオマスが通過することで微細に粉砕されます。

こうして得られたカカオマスはタンクに貯槽され、チョコレートやココアの原料となります。求めるチョコレートの品質に従い、複数の異なるカカオマス（カカオの品種やロースト条件の異なるもの）をブレンドすることも多くあります。

❻ 混合（混ぜ合わせる）

ここからはチョコレート生地の製造の工程です。カカオマスに砂糖、ココアバター※、ミルクなどを混合します。製造するチョコレートのレシピ（配合）に応じて、各原料を計量

ミキサー

します。次の工程のロール粉砕機（レファイナー）で微細化しやすくするために、生地を適した硬さにすることが重要です。

※ココアバターはカカオマスを圧搾することで得られます。

❼ 微細化（細かくする）

　複数のロールで構成されたレファイナーという装置で生地を微細化します。これにより、チョコレート粒子の大きさは20ミクロン以下になります。人間の舌は一般的に、20ミクロン以下ではざらつきを感じないので、この大きさに微細化することで、舌触りがなめらかなチョコレートになるのです。

レファイナー

　ロール同士は強力な油圧で密着していて、上のロールにいくほど、速く回転して剪断力で粉砕していきます。チョコレート生地は最下段の第1ロールと第2ロールの間に供給され、ロールが密着しているそれぞれの隙間で、引きちぎられるようにして粒子が粉砕されます。上の段のロールへとチョコレート生地が均一に運ばれていくうちに、生地はペースト状からフレーク状へと変化していきます。

レファイナー（試作機）からフレークが出てくる様子

レファイナー前（ペースト状）

レファイナー後（フレーク状）

❽ 精練（コンチング）

他の食品産業には見られない、チョコレート製造に独特の工程です。コンチェという機械でチョコレート生地を長時間練り上げる作業で、コンチングといいます。

コンチェ

19世紀に固形のチョコレートが発明された際、開発された装置の形状がコンチ貝に似ていたことから、その名がつけられました。現在の機械の形はまったく異なりますが、そのままチョコレート処理装置の名前として慣用されています。当時のレファイナーは性能が悪く、チョコレートの粒を十分に小さくすることができなかったので、コンチェで長時間処理することで、「練る」と「粉砕」とを同時に行っていたのです。

しかし、現在ではレファイナーの性能が飛躍的に向上したため、粉砕の機能は不要になりました。現在、コンチェで行っている作業は「練る」ことを主としています（コンチングの詳細は46㌻参照）。

❾ 調温（温度調節・テンパリング）

チョコレートを固める工程では温度調節が最も大切です。チョコレートの温度を調節し、ココアバターを安定した結晶にする作業がテンパリングです。工場で使用されるテンパリングマシンでは、下部から供給されたチョコレートが攪拌されながら冷却ゾーンを通過していきます。所定の温度に達すると、次は加熱ゾーンへと導かれて再加熱され、テンパリングは終了します。テンパリングが正しくなされることで初めて、型から剥離でき、艶のある見た目と口どけのよいチョコレートができます（テンパリングの詳細は72㌻参照）。

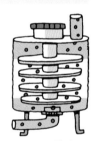

テンパリングマシン

❿ 充塡（型に流し込む）

モールダーでチョコレート生地を型に流し込み、型を激しく振動させて気泡を完全に除き、型の隅々までチョコレート生地を行きわたらせます。

モールダー

⓫ 冷却（冷やす）

クーリングトンネル内のコンベアにのせて、冷やし固めます。冷却初期にはゆっくりと冷やし、冷却の第2段階ではさらに冷たい温度で強制冷却し、チョコレートの固化を促進します。冷却の最終段階では、若干の温度上昇を行います。こうした温度管理をしっかり行うことで「ファットブルーム」や「シュガーブルーム」（122ℱ参照）を防ぐことができます。

クーリングトンネル

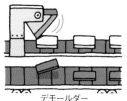

デモールダー

⓬ 型抜

デモールダーという機械で型を裏返し、チョコレートをはがします。

⓭ 検査・梱包

ラッピングマシンでチョコレートをアルミ箔やレーベルで包装し、最後に段ボールケースに箱詰めします。

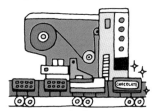

ラッピングマシン

⓮ 出荷

倉庫の中で一定期間熟成（エージング）させた後、チョコレートがとけないよう温度管理された状態で各店舗まで運ばれ、店頭に陳列されます。

エージング

チョコレート工場のお悩みは「香り」!?

　甘い芳香が漂うチョコレート工場は、チョコレート好きにとって思わず笑顔になってしまう空間です。しかし、そこで働く人の悩みはその香り。工場で1日働くと、体中にチョコレートの香りが染みつきます。シャワーを浴びて帰らないと、満員電車の中では迷惑になりそうなほどだとか。そのときの香りは、甘い香りというよりも、酸味のある香りなのだそうです。

5.発酵

チョコレートの味わいや香りを決めるのに、とくに重要といえるのが、「発酵」「ロースト」「コンチング（精練）」の3つの工程です。この3つの工程について、詳しく見ていきましょう。まずは「発酵」についてです。

◆ パルプに包まれて段階的に発酵する

カカオの樹から収穫されたカカオポッドは、集められ、殻を割って中身（果肉＝パルプ）が取り出されます。カカオ豆はパルプに包まれた状態で、発酵処理に移されます。ワイン、チーズ、日本酒、味噌、納豆といった他の発酵食品と同様に、カカオ豆の発酵においても、微生物の働きが重要となります。カカオ豆の場合、微生物の生育にとって最適な培地となるのが、パルプです。パルプには水分や糖分が豊富に含まれているため、微生物が繁殖しやすいのです。

カカオ豆は、バナナの葉で包んだり、木箱に入れて上面にバナナの葉を敷き詰めたりして、数日間放置し、発酵させます。その間に、微生物の繁殖は非常に複雑な消長を見せます。発酵初期（1〜2日）には、数種類の酵母が優先的に繁殖し、アルコールの1種であるエタノールを生産し、果肉の粘り気のある成分であるペクチンを分解する酵素を分泌します。続いて、乳酸菌、酢酸菌が出現するようになりますが、その後、芽胞細菌が増殖し、最後に糸状菌が表面に現れます（左の図参照）。このような微生物の消長には、その培地となるパルプの状態が大きく影響しています。

● カカオ豆発酵中の微生物の消長
（Schwan and Wheals, 2004）

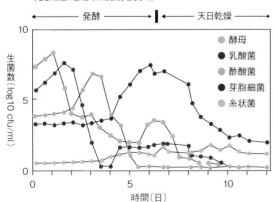

　発酵初期は、パルプが完全にカカオ豆を覆っているため、空気が入り込まず、酸素がない状態で活動する「嫌気性細菌」が活動し、酵母の嫌気的発酵が起き、パルプ中の糖類からエタノールを生成します。同時に、嫌気性の乳酸菌も繁殖します。こうした過程で、パルプが分解されていくと、カカオ豆の間に空気が生じ、今度は「好気性細菌」（活動するのに酸素を必要とする菌）が繁殖しやすい条件へと変化していきます。生じたエタノールを基質として、好気性細菌である酢酸菌が増殖しますが、酢酸を産生する過程は大きな発熱をともないます。この発熱によって、発酵中のカカオ豆は最大50℃にも達し、カカオ豆は酢酸と熱によって死滅し、発芽しなくなり、カカオ豆の内部のでんぷんやタンパク質がカカオ豆の細胞の外へ放出され、これらが酵素や微生物により分解され、糖やアミノ酸を生成します。ここで生じた糖やアミノ酸が、チョコレート工場でカカオ豆がローストされる際、チョコレート特有の香味を生じるもとになるのです。そのため、カカオ豆の発酵はチョコレートの香味を決定づける最も重要なプロセスといえます。このようなことから、「チョコレートは発酵食品である」といっても過言ではないかもしれません。

チョコレートのハウスフレーバー

　チョコレートメーカーには独自の香味があり、それを「ハウスフレーバー」と呼んでいます。チョコレートの最終的な香味は非常に多くの条件によって決定されますが、それらの条件がメーカーによって異なるので、ハウスフレーバーが生まれるのです。たとえば、カカオ豆ひとつをとっても、産地や発酵条件、ロースト方法やカカオマス処理条件によって、多くのバリエーションが生じます。また、チョコレート生地を製造する段階でも、原材料の配合はもちろんのこと、微細化の方法やその程度、コンチング条件などの違いが最終品質を左右します。これらのさまざまな要因をかけ合わせることで、チョコレートの香味には無限の広がりが考えられるのです。

6.ロースト

発酵、乾燥したカカオ豆は、熱を加えられることで、チョコレートに特有な香りの成分を発生させます。ローストによって生じる香気成分は1000種類以上。ローストの温度や時間によっても、香りはまったく異なってきます。

◆ 発酵があってこそローストで香りが生まれる

　カカオ豆がチョコレートの主原料であるカカオマスになる前、カカオ豆の段階で行われる重要な工程の1つがローストです。ローストによって、チョコレートの香りは決定づけられます。

　カカオ豆は収穫された生産国で発酵、乾燥までが行われます。発酵の段階で、香気成分の前駆体（32デ脚注参照）が発生します。つまり、発酵していなければ、ローストしてもチョコレート独特の香りは生まれません。収穫されたカカオポッド（カカオの実）を割って中身を取り出し、発酵箱に入れます。するとカカオ豆のまわりについている白いパルプ（果肉）が発酵し、パルプの成分が豆に浸み込むなどしてチョコレート特有の香りの前駆体が生成されます。約1〜2カ月の船旅を経て日本へやってきたカカオ豆は、選別されたうえでローストされます。

◆ 求める味わいによって温度や時間を変える

　ローストの温度や時間をどう設定するかによって、できあがるチョコレートの味わいは大きく異なってきます。たとえば、高温深煎りローストは苦味とコクのある深い味わいを引き出します。一方、低温浅煎りでローストすると、ロースト前のカカオ豆の特徴を残した品質になります。最近話題のBean to Bar（ビーントゥ バー／48デ参照）では、使うカカオ豆の特徴を知ったうえで、そのおいしさを引き出すロースト方法が行われる傾向にあります。

◆ フルーティ調、フローラル調などの香気成分

　ローストで生じる香気成分はそれぞれ特徴があります。それらが複雑にからみ合い、そのチョコレート独特の香りを作り出します。一例を紹介します。

● 香気成分の香調の例

- ・フルーティ調
- ・フローラル調
- ・スパイス調
- ・スモーキー調
- ・カカオ調
- ・ロースト調
- ・ナッティ調
- ・シュガー調
- ・乳調
- ・発酵調
- ・自然調
- ・異臭

◆ ローストと同時に殺菌処理も

　カカオ豆のローストの方法にはいくつか方式があります。37ページで紹介したように、代表的なのは豆のままローストする「**豆ロースト法**」と、カカオニブ（カカオ豆を粗く砕き種皮を取り除いたもの）の状態でローストする「**ニブロースト法**」の2つです。

　どちらの場合でも、カカオマスになるまでの間に「殺菌」が行われます。これは、カカオ豆生産地での発酵の工程で多くの微生物が生じており、それを減らすためです。豆ロースト法の場合は、クリーニングされたカカオ豆が過熱水蒸気で数秒間殺菌され、その後乾燥してからローストを行います。ニブロースト法ではローストの途中でローストドラムの中へ水蒸気を吹き込むことで殺菌をローストと同時に行います。

チョコレートのアロマを表現する仕事

　「官能分析官」という職種をご存じでしょうか。フランスのクーベルチュールメーカー「ヴァローナ」には、商品開発の分野だけでなく、カカオ栽培からチョコレートが出荷されるまでの全工程にこの官能分析官が配置され、味や香りの審査を担当します。フランス本社には約200人いるそうですが、資格を取得するためには社内で1年間の研修を受けなくてはなりません。1000種類以上あるともいわれるチョコレートのアロマのなかでも、とくに大切な150種類以上を同じ表現で伝え、品質保持に努めているといい、同社にとってとても重要な職種であるようです。

7. コンチング（精練）

ローストしたカカオ豆をさまざまな工程を経て微細化したのち、コンチェという機械を使って強力な力で練り上げ、硬い粘土状からやわらかい粘土状にするまでがコンチングという工程です。これによりチョコレート生地は完成します。

◆ 練っているうちにやわらかな生地へ

コンチングとは、レファイナーによって細かく粉砕されたフレーク状のチョコレート（チョコレートフレークと呼ばれる）を練り上げて、ココアバターを絞り出す工程です。強力な力で生地を攪拌しながら練っているうちにココアバターがにじみ出てきて、さらさらとしたフレーク状のチョコレートフレークが硬い粘土状へと変わっていきます。さらに強い力で練り上げていくと、微細な粒子の表面がココアバターで覆われていき、生地がやわらかくなってきます。こうして、口どけのよいチョコレート生地ができあがるのです。

かつては、コンチングは粉砕も目的としていました。しかし、レファイナーの性能が高くなり、粉砕はすでに行われているので、現在のコンチェは練ることを主としています。長時間練り上げた後のコンチングの最終段階では、ココアバターなどを添加し、思いどおりのやわらかさのチョコレート生地へと仕上げていきます。

◆ 「化学的変化」も起こる

チョコレートの種生地には水分がほとんど含まれていませんが、コンチングによってさらに**水分蒸発**が促進され、**酢酸も蒸散**されていきます。

カカオ豆はその発酵の過程で酢酸が生じます。この酸っぱいにおいを揮発させることがコンチングのもう1つの役割です。しかし、水や酢酸と同時に、**揮発性の高い香気成分も失われてしまう**ので、どんなチョコレートを作りたいかによって、コンチングの時間や操作温度を決定する必要があります。

ここまでの内容はコンチングによる「物理的変化」ですが、コンチングでは「化学的変化」も起こります。強力な力で練り上げると熱が発生するため、条

件によっては、キャラメルのような香味を生成させることができます。しかし、コンチングにおける化学的変化の詳細は未解明の部分も多く、チョコレートの繊細な香味を生み出すためのコンチング条件は、メーカーごとに独自の考えで設定されています。

　一般的に、コンチングの主な目的は物理的変化を得ることです。化学的変化はこの後の工程で別の装置によって行われることも多くあります。それは、コンチングはランニングコストが高いため、できるだけ短時間でコンチングを終わらせたほうが経済効率性が高いということがあるからです。

◆ 適度な酸味がおいしさを作り出す

　ところで、チョコレートに含まれる酢酸は完全に取り除くべきというものでもありません。チョコレートは発酵食品なので、強い酸味を持っており、それが強く出てしまうとたしかに不快です。しかし、まったく酸味のないチョコレートというのも、ぼんやりした味になってしまいます。

　最近では、このカカオ本来の酸味を味わうことを主眼としたチョコレートも販売されるようになり、人気を集めています。適度な酸味のあるチョコレートは、香味が強調された優雅な大人の味なのです。

チョコレート工場イチの高額機械

　チョコレート工場ではさまざまな機械が同時に稼働していますが、そのなかで最も高価な機械といえば、コンチングで用いられる「コンチェ」です。チョコレート生地の攪拌には強力な力が必要となるため、電力もいちばん多く使います。さらに、練っているうちに生地がやわらかくなると攪拌翼の力が伝わりにくくなるので、負荷に応じて攪拌の速度を上げるなどの制御が自動的に行われる複雑なシステムも備えています。なんと機械そのものが1台1億円以上するものもあります。

カカオ本来の個性を生かす Bean to Bar

今、世界中のチョコレート業界において、外すことのできない重要な
キーワードにBean to Bar（ビーン トゥ バー）があります。進化し続ける
Bean to Barの世界をのぞいてみましょう。

◆ 生産地と消費地をつなぐキーワード

　製造者がカカオ豆（Bean）から板チョコレート（Bar）まで、一貫して手がける
スタイルをBean to Barといいます。具体的には、セレクトしたカカオ豆をロー
ストし、作り手が考える配合や製法で板チョコレートを作ることを指します。こ
こ数年、日本国内でもBean to Barのチョコレートへの関心が高まり、新しい
作り手も増えています。

　近年、カカオ豆の産地や品種に注目する流れも生まれてきていますが、生
産地と消費地をつなぐキーワードとしてもBean to Barは注目されています。

◆ 個性的なBean to Barの作り手たち

　Bean to Barは、カカオ豆自体が持つ個性とその風味を生かす工程にこだ
わった作り手が多いのも特徴です。また、異業種から参入する人も比較的多く、
従来のチョコレート作りにとらわれないアイデアで個性を出した商品もいろいろ
あります。

　アメリカでは、比較的小規模生産のこだわりがあるBean to Barチョコレート
を「Craft Chocolate（クラフト チョコレート）」と呼んだり、パッケージに「Small
Batch（スモール バッチ）」と記載したりするなど、大量生産のチョコレートと区別
することがあります。

　1990年代後半に登場したサンフランシスコのシャーフェンバーガーがアメリ
カでのBean to Barの先駆けといわれており、2000年代に入ると、続々と
Bean to Barの作り手が登場し、今では全米各地に広がっています。あえて
古い機械を使ったり、逆にIT技術を駆使してチョコレート作りを行ったりするな
ど、そのスタイルもさまざまです。

　一方、フランスの老舗ショコラトリーであるボナやベルナシオンなどによって、

味を追求してカカオ豆のローストから手がけるチョコレート作りが行われてきました。なかでも2014年に130周年を迎えたボナは、ショコラティエ自らがカカオ農園まで足を運んで豆の検査や選別にかかわり、現地の状況改善にも取り組んでいる数少ないショコラトリーです。

　最近では、カカオポッドからカカオ豆を取り出すところから始める「Pod to Bar（ポッド トゥ バー）」に挑戦するショコラティエや、カカオの樹の生産、管理から行う「Tree to Bar（ツリー トゥ バー）」と呼ばれる取り組みを行うメーカーもあります。

◆ さまざまな進化、広がりを見せるBean to Bar

　Bean to Barのチョコレートは、シングルビーンといわれる単一産地のカカオ豆で作られることが多いですが、異なる産地のカカオ豆をブレンドして作られることもあります。いずれも、そのカカオ豆の特長を最大限生かすために、作り手それぞれが工程や配合に創意工夫をこらしています。そうしたBean to Barのチョコレートは、カカオ豆の個性や風味を味わうために比較的シンプルなものが中心ですが、最近では各メーカーがよりオリジナリティのあるチョコレートを目指し、Bean to Barの世界は多様な広がりを見せています。その1つに、カカオ豆の発酵工程における工夫があります。カカオ豆を発酵させる際の攪拌回数や、発酵日数を変えることでその違いをたのしむといったユニークなアイデアなど、新しい技術でこれまでにないチョコレート作りに取り組むメーカーもあります。また、チョコレートの製造工程の「微細化」（39ジ参照）において、チョコレート粒子を粗めに仕上げて食感を残し、それも含めてチョコレートの新しい味わいや個性としてたのしむ商品も出てきています。

　Bean to Barの作り手が、板チョコレートを最終形態とせずに、ひと手間加えてドリンクやボンボンショコラ（96ジ参照）、ケーキなどのチョコレート商品を作るケースも少しずつ増えています。そのほか、チョコレートの原料であるカカオ豆を1つの食材としてとらえる傾向も出てきており、香ばしくローストしたカカオニブを袋や瓶に詰めた商品も見かけるようになってきました。Bean to Barのたのしみ方はさらに多様化しており、そうしたさまざまな商品を扱う専門店が世界各地に広がってきています。

◆ Bean to Bar注目のアイテム、ダークミルク

　近年、新しいタイプのミルクチョコレートの潮流として、「Dark Milk（ダークミルク）」と呼ばれるチョコレートがあげられます。私たちが慣れ親しんでいる一般的なミルクチョコレートはカカオ分が30〜40％程度で、比較的しっかりとした甘さがある味わいです。一方、ダークミルクは、カカオ分がおおむね50％以上あり（なかには60％以上の商品もあります）、ほろ苦いカカオの風味が味わえるビタータイプのミルクチョコレートといえます。こうした商品は、カカオ豆から板チョコレートまでの製造や、配合を工夫できるBean to Barのなかで広がりを見せています。ダークミルクはアメリカで多く作られるようになり、今では日本を含めたさまざまな国でたのしめるようになりました。

日本でたのしめるBean to Bar専門店

ショコラティエ　パレド オールの姉妹店
アルチザン　パレド オール（山梨県北杜市）
ARTISAN PALET D'OR

日本を代表するショコラティエの1人、シェフ三枝俊介氏が自分の納得のいくショコラ作りをしたいとの思いで2014年11月にオープン。既存のクーベルチュールに頼らず、カカオ豆のローストから産地別の自家製チョコレートまでを手がけるBean to Bar工房です。冷涼な環境のなかで生まれた数々のチョコレートは、ボンボンショコラなど多くの商品に使用されています。

カカオ生産国と日本の架け橋
カカオハンターズ（東京都港区）
CACAO HUNTERS

カカオ生産国をめぐって良質なカカオを探し出し、さまざまな角度から現地の支援活動を行ってきた小方真弓氏が、南米・コロンビアのチームと立ち上げたブランド「カカオハンターズ®」。自社チョコレート工場をコロンビアに建設し、現地でカカオ生産者とともにカカオの調査、栽培から一貫したチョコレート作りを手がけています。三つ星レストランや有名パティスリーでも使用されている香り豊かなチョコレートは、オンラインショップで購入できます。

楽しいアイデアにあふれた九州初のブランド
カカオ研究所（福岡県飯塚市）
cacaoken

九州初のBean to Bar。その名のとおり、カカオの持つ可能性と魅力を全方向から「研究」することをコンセプトとしています。その熱意を原動力に、理想の味を追求した商品開発も興味深く、研究室としているベトナム農園から届く独自のカカオ豆を使い、地産素材をあしらったチョコレートや、和菓子の伝統技術と合わせたカカオ干菓子など、日々新たな商品開発を行っています。2023年秋には新店舗をオープンし、新商品も並んでいます。

世界のBean to Barのセレクトショップ
カカオストア＆プリンカフェ448 （東京都渋谷区）
CACAO STORE & PUDDING CAFÉ 448

数多くのカカオ農園を訪問してきたミュゼ ドゥ ショコラ テオブロマの土屋公二氏がオープンさせたBean to Barの専門店。土屋氏が訪問した農園のカカオ豆を使用したオリジナルBean to Barや、土屋氏が厳選した海外のタブレットなど、100種類以上を販売しています。また、Bean to Barに使用しているカカオ豆をローストしたものも販売。イートインでは、熱々のバゲットにのせたタブレットが目の前でとけだす「トーストショコラ」やタブレットをのせた「チョコレートカレー」が好評。2023年9月からはプリンカフェ448と統合され、1つの店舗になりました。

カカオティエの名を掲げて作る素材第一のチョコレート
カカオティエゴカン （大阪府大阪市）
Cacaotier Gokan

大阪・高麗橋に本店を構える、カカオ豆からこだわったチョコレート専門店。2016年2月オープン。カカオ豆の生産者ともかかわりを持ちながら世界中のカカオ豆から厳選し、本店の工房ではBean to Bar製法でカカオ豆のローストからコンチングまですべてを行ってチョコレート作りをしています。Bean to Barで作られたチョコレートで、板チョコレートだけではなく、ソフトクリーム、チョコレートドリンク、プリンなどさまざまな菓子作りにも挑戦。

ホワイトチョコレートの可能性を探る新機軸の世界観
ショコラティエ　パレ ド オール　ブラン （東京都港区）
CHOCOLATIER PALET D'OR　BLANC

日本人ショコラティエとしてカカオの探求を続けるシェフ三枝俊介氏が、Bean to Barの次なる可能性を求めてアルチザン　パレ ド オールに続いてオープンしたのはホワイトチョコレート専門店。2019年10月、東京・青山にココアバターを搾る様子など全工程を見渡すことのできる工房を設けた店舗を構えました。良質なカカオ豆をプレス機で搾った自家製ココアバターを使って、カカオの香り豊かなホワイトチョコレートを作り出しています。ここならではの産地別のホワイトチョコレートも揃えるなど、新たな世界観を表現しています。

手軽に試せるテイスティングセットも好評
チョコロンブス （福岡県北九州市）
chocolumbus

「Bean to Barチョコレートとの出合いで得た大きな発見を多くの人に伝えたい」との思いから、カカオに出合った最初のヨーロッパ人であるコロンブスの名をつけて開業。ガーナなどの産地に赴き、フェアトレードのカカオ豆と、きび糖、てん菜糖を材料に手作りしています。食品物理学者としての観点からチョコレートを研究する佐藤清隆氏が監修。

京都のローチョコレート、Bean to Barの専門店
ココ　キョウト （京都府京都市）
COCO KYOTO

インターナショナル チョコレート アワーズで6年連続入賞した、ローチョコレートとBean to Barチョコレートの専門店。「カカオをきっかけにココロとカラダに栄養を」というコンセプトのもと、白砂糖や添加物を使用しないチョコレート作りにこだわっています。グルテンフリーやオーガニックカカオをはじめ、地元京都の食材にもこだわった理想のチョコレートを探求しています。

原点を忘れないチョコレート作り
クラフトチョコレートワークス（東京都世田谷区）
CRAFT CHOCOLATE WORKS

2015年、東京・三宿にファクトリー（工房）を併設したショップをオープン。カカオ豆が持つ個性を最大限に引き出せるよう、ローストの温度を調整し、豆の挽き方も粗挽きと細挽きの2種類で製造するなど工夫をこらし、多くの人に自分の好みの産地に出会ってたのしんでもらいたいという思いでカカオと向き合っています。常時、カカオ70％の産地別タブレットを10〜13種展開。年に数回、特別な産地のスペシャリティタブレットも登場します。

サンフランシスコで絶大な人気を誇る
ダンデライオン・チョコレート（東京都台東区）
DANDELION CHOCOLATE

特定の産地にこだわったシングルオリジンのカカオ豆とオーガニックのきび砂糖のみを使用。カカオ豆は生産地を訪れ、ときには発酵から乾燥までのプロセスについて話し合い、交渉を行ったうえで直接輸入しています。パッケージにはリサイクルコットンペーパーを使用し、徹底してBean to Barの理念を追求し、Bean to Barをムーブメントから文化として根づかせることを目指しています。国内では、東京・蔵前、吉祥寺、三重・伊勢の3店舗のほか、オンラインストアも展開。

SDGsの先進企業としても注目を集める
ダリケー（京都府京都市）
dari K

インドネシア・スラウェシ島で、カカオ農家とともに栽培から発酵、乾燥まで一貫した取り組みを行っています。良質なカカオ豆から作られるチョコレートは、豊かなアロマとフルーティーな酸味が特徴。品質を高めたカカオを適正な価格で買い取る生産地での取り組みは、農家はもちろん消費者にもポジティブで持続的な仕組みとして評価されています。

四国の山里から生まれた世界レベルのチョコレート
G.B.C チョコレートファクトリー（愛媛県四国中央市）
G.B.C Chocolate Factory

コーヒー鑑定士の国際資格を持つオーナーが、コーヒー豆の産地の近くには良質なカカオの産地があると気づいてチョコレート作りを手がけるようになり、2017年、四国中央市切山地区にチョコレート・スイーツ工房をオープン。現地の生産者からカカオ豆を直接仕入れ、地元で栽培されたサトウキビからできた砂糖を使用してチョコレート（オリジナルブランドMILTOS）を作っています。2018年にはインターナショナル チョコレート アワーズで銀賞、銅賞を受賞、2020年にはアカデミー オブ チョコレートにて銀賞を受賞しました。

1枚1枚に気持ちをこめて丁寧に作る
グリーン ビーン トゥ バー チョコレート（東京都目黒区）
green bean to bar CHOCOLATE

厳選されたカカオ豆と砂糖のみを使用したチョコレートバーやボンボンショコラなどを販売するBean to Barの専門店。チョコレートはすべてハンドメイドで、店内にて製造。商品の販売だけでなく、実際にカカオ豆がチョコレートになるまでの工程を店内で見学したり、製造体験ができるワークショップなどを随時開催。チョコレートの新しい魅力を発信しています。

ひと釜ごとにナンバーをつけて品質を管理する
ラ ショコラトリ ナナイロ（島根県出雲市）
La chocolaterie NANAIRO

一度に作るチョコレートの量を約30kgに限定し、ナンバーをつけてしっかり管理。ナンバリングされたタブレットチョコレートには、味や香りの説明、ドリンクなどのペアリング、テイストグラフ、成分表などが記載されています。シングルオリジンの定番タブレットのほか、出雲の四季を映し出すようなシーズナルタブレットの新作コレクションを春と秋に発売しています。

世界最高峰のチョコレート品評会で受賞を重ねる
ミニマル –ビーン トゥ バー チョコレート–（東京都渋谷区）
Minimal -Bean to Bar Chocolate-

世界中のカカオ農園に足を運び、自社工房で良質なカカオ豆からチョコレートの製造を行っています。「新しいチョコレート体験のお届け」をテーマにさまざまなチョコレートスイーツを販売。タブレットのレシピカードには、カカオ豆の原産国やローストの温度、カカオ豆の粒度まで記載されています。インターナショナル チョコレート アワーズで2016〜2023年に金賞を含む受賞を果たし、受賞回数はカテゴリ別で日本1位を誇ります。

実力派ショコラティエが生み出す和の味わい
ネル クラフトチョコレート トーキョー（東京都中央区）
nel CRAFT CHOCOLATE TOKYO

シェフを務める村田友希氏は京都でワールドチョコレートマスターズ2007優勝者の水野直己氏に師事。フランスやルクセンブルクで修業し、帰国後、「チョコレート ショーピース コンペティション2019」で優勝。東京・日本橋に店がオープンするとともにシェフに就任、日本を意識した繊細な世界観をチョコレートで表現しています。水野氏のスペシャリテをオマージュした杏風味のトリュフをはじめ、丹波黒豆きなこ、紫蘇などの和素材を使ったチョコレートが揃っています。

沖縄発、地域の発展を志す
オキナワカカオ（沖縄県国頭郡）
OKINAWA CACAO

大学で農業を学び、東日本大震災の復興支援にかかわる仕事も経験したオーナーが沖縄で立ち上げたブランド。沖縄シナモンともいわれるカラキ、伝統的なハーブの月桃など、沖縄の恵みを用いた素材感あふれる商品作りをしています。自社農園で研究者や農家とともにカカオ栽培に取り組んだり、インターンシップや定期便プランなど持続可能性を意識したアイデアを実践したりと、着実な歩みでブランド作りをすすめています。

小さくあること、ローカルであることを大切に
サタデイズ チョコレート（北海道札幌市）
SATURDAYS CHOCOLATE

アメリカのクラフトムーブメントの1つであるBean to Barへの共感から生まれた、北海道発のローカルブランド。大手メーカーが中心に行う事業を小規模、少量生産で行う"スモールバッチ"であることを大切にし、小規模だからこそできる高品質なチョコレート作りを志しています。タブレットはカカオ豆ときび砂糖のみのもの、ココアバターを加えたものなどがあり、北海道産の素材を使ったタブレットも販売しています。

一歩ずつ確実に向上することを目指す
スイーツ エスカリエ（新潟県新潟市）
SWEETS ESCALIER

新潟初のBean to Barを行うパティスリー。エスカリエとは "階段" の意味。Bean to Bar
の魅力を知ったオーナーシェフが研究を重ね、2015年から商品の製造、販売を開始しま
した。ロンドンで開催される国際品評会のアカデミー オブ チョコレートやヨーロッパ数カ国
による国際品評会のインターナショナル チョコレート アワーズで金賞、銀賞を連続受賞す
るなど、注目を集めています。

最高のチョコレートは「ぬちぐすい」。 サトウキビ作りにも着手
タイムレスチョコレート（沖縄県北谷町）
TIMELESS CHOCOLATE

沖縄の言葉で「ぬち」は命、「ぐすい」は薬。命の薬＝「ぬちぐすい」となるチョコレートを作る
べく、原料となるカカオの栽培を手がけたり、サトウキビの自社農園を立ち上げたりするな
ど、沖縄ならではの唯一無二のチョコレートを作っています。2020年には沖縄で最高賞と
なる沖縄県知事賞を受賞。沖縄ならではの亜熱帯気候の環境のなかで、カカオやサトウ
キビの魅力や可能性を見出し、発信を続けています。

この世に存在しないチョコレートを生み出す
ウシオチョコラトル（広島県尾道市）
USHIO CHOCOLATL

1つの真理にとらわれず、あらゆる可能性を1枚に込めて、世界の楽しさを伝える広島・尾
道のチョコレートメーカー。カカオの生産地にも足を運び、土地の作物を理解してチョコレー
トと合わせるなど、「カカオ豆が持つ背景」を1枚に込めたオリジナルチョコレートを作り出
し、さまざまなアーティストの手によるジャケットで彩っています。

イートインメニューも充実の人気店
バニラビーンズ（神奈川県横浜市）
VANILLABEANS

2000年生まれの横浜発チョコレートブランド。みなとみらいに誕生した「バニラビーンズ ザ
ロースタリー」には、カカオ豆の焙煎機をガラス越しに見られる工房が併設されています。
数種類のカカオ豆を使用し、「カカオハンター®」の名で知られる小方真弓氏からもカカオ豆
を仕入れています。店内のカフェでは、産地別の食べ比べができる「チョコレートジャー
ニー」やオリジナルドリンクが人気。また横浜ベイサイドの店舗ではアイスクリーム工房を併
設。Bean to Barのこだわりを作りたてのソルベやアイスでもたのしめます。

独自の発想を追求して生まれたチョコレート
ショコル（東京都世田谷区）
xocol

2013年10月オープン。自家焙煎したカカオ豆を石臼挽きにし、カカオ豆の香りを十分に残
しながら均一にペースト化。あえてコンチングはせず、砂糖の粒子をつぶさないで歯触りを
残すという、独自の考えと製造方法に基づいてチョコレートを作っています。料理にも使える
食材としてのカカオ豆の可能性も追求し、塩やスパイスを合わせた調味料も開発しています。

第2章
チョコレートの主原料
「カカオ豆」に迫る

熱帯のごく限られたエリアにしか生育しないカカオの
樹。その土地の風土の影響を色濃く受けて育つカカ
オ豆は、それぞれに個性的な性質を備え、独特な香
りを放ち、味を生みだします。
堅い殻に覆われたカカオ豆は、ローストされ、すり
つぶされ、練り上げられ、さまざまなものが加えら
れ……。そして収穫時の姿とはまったく異なる、おい
しいチョコレートへと姿を変えていくのです。

1. カカオとは

チョコレート作りに欠かすことのできないカカオ。カカオ豆を実らせるカカオの樹は、高温多湿の熱帯でしか育ちません。カカオの樹はいったいどんなところで栽培されているのでしょうか。

◆「カカオベルト」でしか栽培できないカカオの樹

　カカオ豆とは、カカオの樹に実った果実中にある種子のことをいいます。カカオの樹は、高温多湿の熱帯でしか生育しません。それも、赤道を挟んで北緯20度から南緯20度までに限られます。この**北緯20度から南緯20度までのカカオ栽培適地**は「**カカオベルト**」と呼ばれています。しかし、この範囲であればどこでも育つというわけでもなく、高度30〜300m、年間平均気温が約27℃で気温差が小さいこと、年間降雨量は最低でも1000mm以上であることなどと、生育地域がかなり限定されます。これらを満たす特別な地域にし

● 主なカカオ豆の産出国

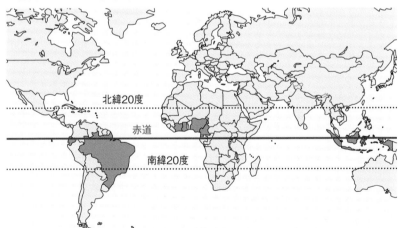

北緯20度

赤道

南緯20度

か生育しない繊細な樹木がカカオなのです。残念ながら日本はカカオが生育
する条件を満たしていません。

　これらの条件を満たすのは、主に中南米、西アフリカ、東南アジアなどの
限られた地域です。主力生産国としてあげられるのは、**西アフリカ地域ではコー
トジボワール、ガーナ、中南米ではエクアドル、東南アジアではインドネシ
ア**などです。

　これらの国々を含めた世界約50カ国のカカオ豆の年間生産量は約498万ト
ン※です。そのうちコートジボワール、ガーナ、エクアドル、カメルーン、ナイジェ
リア、ブラジル、インドネシアという主要7カ国で世界の総生産量の約87％※
を占めています（※2022／23年　国際ココア機関〈ICCO〉カカオ統計）。生産地域で
見るなら、アフリカが最も多く、次いで中南米、アジア・オセアニアとなります。

◆ カカオ豆生産地の三大特徴

カカオ豆生産地における特徴は、次の3つにまとめられます。

❶世界の生産量の約75％は**アフリカで生産**されています。

❷カカオの起源である中南米は、現在はそれほど生産量が多くありません。

❸カカオ豆の生産国は約50カ国あり、下記の主要7カ国で世界の総生産量
　の約87％を占めています。

● 世界のカカオ豆生産概況 （2022／23推定）

順位	生産国	単位（万トン）
1	コートジボワール	220
2	ガーナ	75
3	エクアドル	40
4	カメルーン	29
5	ナイジェリア	28
6	ブラジル	21
7	インドネシア	18

生産地域	単位（万トン）
アフリカ	372.72
中南米	98.79
アジア・オセアニア	26.50
世界総生産量	498.01

国際ココア機関（ICCO）カカオ統計
2022/23第2刊

◆ 貴重な農作物であるカカオ豆

日本ではカカオ豆の生産国としてガーナが有名ですが、世界的に見た生産量ではコートジボワールが抜きんでています（57ジ参照）。

世界のカカオ豆の生産量は**約498万トン**（2022／23年　国際ココア機関〈ICCO〉カカオ統計）。このうち日本の輸入量は**約4万4042トン**です（2022年。右ジ参照）。ちなみに、世界のコーヒー豆の生産量は約1046万トン（2023／24年[※1]）、米の生産量は約5億1810万トン（2023／24年[※1]）、小麦の生産量が約7億8340万トン（2023／24年[※1]）ですから、カカオ豆がいかに貴重な農作物であるかがうかがえます（※1 出典:USDA「World Agricultural Supply and Demand Estimates」、「Coffee:World Markets and Trade」〈June 22, 2023〉、「Grain: World Markets and Trade」〈October 12, 2023〉）。

◆ 日本のカカオ豆輸入量の約75％を占めるガーナ産

日本のカカオ豆輸入量は2022年において**約4万4042トン**で、これは世界のカカオ豆生産量の**約0.9%**にしか相当しません。そしてその約75％が**ガーナ産**です。ガーナ産カカオ豆は、世界最大の生産量を誇るコートジボワール産よりも品質が安定しています。次いで輸入量が多いのはエクアドル（約12%）、ベネズエラ（約5％）です。エクアドルやベネズエラは生産量こそ世界で突出はしていないものの、高品質のカカオ豆を生産することで知られています。特にベネズエラのカカオ豆は約2万トンの生産量に対し、その約10％[※2]を日本が輸入しています（※2 出典：2022／23年　国際ココア機関〈ICCO〉カカオ統計、日本貿易統計）。以上のことから見て、日本のチョコレートは高品質のカカオ豆を使用しているといえるでしょう。

最近では、「○○産カカオのチョコレート」などと産地名を前面に出した表示も多く目にするようになりました。産地の特色を知っておくと、そのチョコレートを手にしたときに、より身近に感じることができるでしょう。

● 日本の主要カカオ豆国別輸入量の推移 (単位：トン)

国名	2018年	2019年	2020年	2021年	2022年
ガーナ	43,596	39,338	38,564	27,936	33,246
エクアドル	5,816	5,128	3,702	3,945	5,241
ベネズエラ	3,813	4,277	2,357	2,747	1,986
コートジボワール	2,648	1,891	1,584	1,782	1,793
ドミニカ共和国	1,620	1,523	1,037	525	620
ブラジル	280	477	448	340	447
カメルーン	148	498	200	196	296
ペルー	416	192	447	48	89
マダガスカル	79	21	28	20	74
インドネシア	30	42	2	40	57
コロンビア	2	23	24	31	46
ベトナム	42	11	39	49	42
オランダ	1	—	—	—	18
タンザニア	5	8	2	6	12
ドミニカ国	7	—	—	—	9
インド	1	10	4	12	9
サモア	9	1	—	8	8
ベリーズ	4	8	5	—	8
メキシコ	6	9	18	7	7
オーストラリア	—	—	3	4	5
ウガンダ	3	1	3	4	4
ホンジュラス	2	5	1	4	4
トリニダード・トバゴ	33	29	51	40	4
その他	57	55	16	76	17
合計	58,617	53,548	48,533	37,820	44,042

（資料：日本貿易統計）

生産者はチョコレートを知らない!?

　カカオ豆の生産農家はカカオベルト地帯で数百万軒といわれ、チョコレート産業に携わっている人は数千万人ともいわれます。巨大な産業ですが、その生産者の多くは零細農家です。チョコレートは熱帯ではとけてしまうため、現地で消費されることは少なく、生産されたカカオ豆はそのまま麻袋に詰められ、世界中に輸出されます。じつはどのような製品になるかを知らない生産者がほとんどなのです。

2. カカオの品種

チョコレートの原料となるカカオ豆はいくつかの品種に分かれています。それぞれ味に特徴があり、チョコレートメーカーは製品ごとにカカオ豆を選択・ブレンドして製品の特徴としています。代表的な3つの品種を見てみましょう。

◆ カカオの代表的な3品種

カカオ豆は品種や産地、発酵方法などにより味が異なり、代表的な品種として、クリオロ種、フォラステロ種、トリニタリオ種の3種があります。

※カカオの品種については、いまだ研究、議論が続いており、今後新たな見解が出てくる可能性もあります。ここでは、基本の3品種を把握しておきましょう。

クリオロ種

「クリオロ」は、スペイン語で「自国のもの」「その土地生まれ」という意味です。発祥地は南米（アマゾン川上流域地帯）といわれていますが、歴史的にはメソアメリカと呼ばれたメキシコの南半分や中米地域（グアテマラ、ホンジュラス、ベリーズあたり）での栽培が記録されており、アステカの皇帝モンテスマが飲んでいたのもこのカカオで作ったショコラトルだといわれています。**病害に対する抵抗力が非常に弱く、栽培が困難**で絶滅の危機に瀕しているといっても過言ではありません。栽培量は**0.5％程度**で、今や幻のカカオになりつつあります。

フォラステロ種

「フォラステロ」は、スペイン語で「よその土地の」「よそ者」という意味です。発祥地はアマゾン川上流域地帯、ベネズエラのオリノコ川流域などです。**成長が早く、病気や害虫への抵抗力が強いため、栽培しやすい品種**といえます。世界のカカオ生産量の80〜90％を占めていて、苦味・カカオ感が強く、チョコレート産業にとって最も重要な品種といえるでしょう。派生種にナシオナル種（アリバ種ともいう）があります。

トリニタリオ種

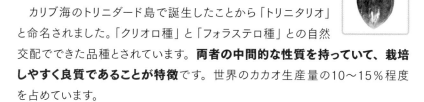

カリブ海のトリニダード島で誕生したことから「トリニタリオ」と命名されました。「クリオロ種」と「フォラステロ種」との自然交配でできた品種とされています。**両者の中間的な性質を持っていて、栽培しやすく良質であることが特徴**です。世界のカカオ生産量の10〜15％程度を占めています。

代表的な3品種の特徴

クリオロ種

- 栽培地域：ベネズエラやメキシコなどごくわずかな地域
- 豆：形はふっくら、生豆の胚乳部は乳白色〜白色
- 味：渋味が少なくマイルド
- 香り：独特なナッティ感があり、フレーバービーンズとして珍重

フォラステロ種

- 栽培地域：ブラジル、西アフリカ、東南アジアなどで広く栽培
- 豆：生豆の胚乳部は紫色
- 味：渋味と苦味が強い
- 香り：チョコレート感が強い

トリニタリオ種

- 栽培地域：中南米、ベトナム、マダガスカルなど
- 豆：比較的大きく、生豆の胚乳部は薄紫色
- 味・香り：フルーティな酸味を持つものが多い

◆ 役割による分類と呼び方

カカオ豆には役割による分類と呼び方も存在しています。チョコレートのベースやブレンドに欠かせない豆を「**ベースビーンズ**」、加えることで風味や香りをプラスする豆を「**フレーバービーンズ**」と呼んでいます。ベースビーンズには「フォラステロ系」が主に使われ、「クリオロ系」や「トリニタリオ系」はしばしばフレーバービーンズの役割を担います。

3.カカオの産地

カカオは同じ品種でも栽培する土地によって風味や味わいが
異なります。日本のカカオ豆主要輸入国は、ガーナ、エクア
ドル、ベネズエラ、コートジボワール。これらの国々が生産
する品種とその味わいについて説明します。

◆ 土地により影響を受けるカカオの個性

「土地が変わればカカオの個性も変わる」といわれています。**同じ品種のカ
カオを育てても、産地が変わるとその個性がまったく違うもの**になるのです。
北海道のジャガイモを九州に植えても同じ味にはならないように、同じカカオを
ガーナとインドネシアとで栽培しても、その品質はまるで違うものになります。

最近は、このようなカカオの産地によるチョコレートの味の特徴を「テロワー
ル」という言葉で表現することもあります。テロワールとはワイン用語として使わ
れている言葉で、フランス語の「terre（テール）」（地面、地球）からきています。し
かし、ここでいうテロワールは単に地面や土のことを指すのではなく、その土
地の気候、地形、地質、土壌といった複合的な地域性や風土までを含んだ
意味合いがあります。

60ページで述べたカカオの代表的な3品種「クリオロ種」「フォラステロ種」「トリ
ニタリオ種」も、土地やその土地を取り巻く環境からの影響によって、同じ品
種でも味わいが異なるカカオ豆になるのです。

◆ ブレンドとシングルビーン

通常、チョコレートは、異なる産地や品種のカカオ豆を**ブレンド**して作られ
ます。ブレンドすることにより、それぞれのカカオ豆の持ち味をバランスよく発揮
させ、品質をより安定化させます。しかし最近では、それぞれの豆の個性の
違いを味わうために、単一の国やエリアのカカオ豆から製造する「**シングルビー
ン**」と呼ばれるチョコレートも増えてきました。また、単一の国で生産されたカ
カオ豆から製造するチョコレートは「**シングルオリジン**」とも呼ばれます。

◆ 覚えておきたい4つの産地

　日本が輸入している**カカオ豆の生産国のトップ4はガーナ、エクアドル、ベ ネズエラ、コートジボワール**です。日本のチョコレートを知るうえで、「産地別 カカオ」といえばこの4カ国が必ず出てきますので、それぞれ特徴とともに覚え ておきましょう。

● 日本が輸入している四大生産国

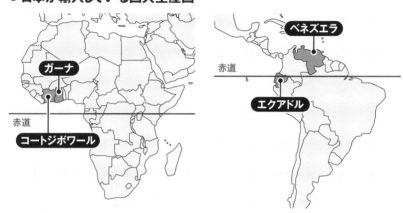

ガーナ

コートジボワール

赤道

ベネズエラ

赤道

エクアドル

※国境線は一部未確定のものを含む。

▶ ガーナ／西アフリカ

　カカオ豆生産量はコートジボワールに次いで世界第2位。日本に輸入される カカオ豆の約75%を占めます（2022年）。日本人が最も慣れ親しんでいるカカオ 豆であり、日本の菓子メーカーがチョコレートをテイスティングする際の基準に もなっています。

　ガーナでは主に**フォラステロ種**の豆を生産しています。この豆は酸味、苦味、 渋味の3要素がバランスよく混在し、豊かなコクがあります。**余韻が残る香ば しさもあり、誰からも好かれるバランスのとれたテイストを持つ**カカオ豆です。 カカオを代表するスタンダードな味わいです。

▶エクアドル／中南米

赤道直下の国であるエクアドル産のカカオ豆は、フォラステロ系が多いとされています。しかし独特の香りを持ち、カカオ感が強く品質が非常に高いため、ベースビーンズではなく、フレーバービーンズとして使われています。

これは、ナシオナル種（アリバ種）と呼ばれる派生品種であり、ジャスミンやバラなどの花のような**香り（フローラル）が特徴です。口の中でパッと広がる華やかな香りの後に、適度な渋味が続く**ところは、ジャスミンティーを思わせます。他のカカオ豆よりもほんのり黒みを帯びた色調、バキッと折れる硬質な食感、シャープなとけ方も独特です。

▶ベネズエラ／中南米

ベネズエラはクリオロ系カカオ発祥の地ともいわれ、現在も**高品質のクリオロ系カカオ豆を生産しています。**このカカオ豆は雑味が少なく、**酸味や渋味、苦味のバランスが取れ、ほのかに「ナッティ」な香り**があるのが特徴で、多くのパティシエやショコラティエを惹きつけています。「ナッティ」とは「ナッツのような」という意味で、ローストしたナッツのような香ばしさを表現しています。香りの起伏はとてもおだやかで、濃厚な旨味とともに、心地よいロースト香が満足感を与えてくれます。香ばしく、力強い香りともいえるでしょう。

またベネズエラには、「チュアオ」「チョロニ」といった、貴重なカカオ豆をごく少量生産する地域があり、これらの地域のカカオ豆は最近では地域ブランドのカカオ豆として扱われるようになっています。

▶コートジボワール／西アフリカ

世界の生産量の約44％を占め（2022／23年推定）、世界中で最も親しまれています。マイルドという形容詞が似合うおとなしい苦味、やや重量感のある味が特徴です。バランスの取れた香りのなかに、ピーナッツのような香ばしさがあります。香りの起伏がとてもなだらかなので、口の中に広がって消えてゆく香りの変化をたのしめます。ヨーロッパのチョコレートの多くは、コートジボワール産のカカオ豆をベースビーンズとしています。

◆ 知っておきたい注目の産地

パティシエやショコラティエが注目しているカカオ豆産地や、一般市場で関心が高まっている産地を紹介しましょう。

▶マダガスカル／アフリカ

アフリカ大陸の南東、インド洋西部に位置する島国マダガスカル産のカカオ豆は、黄色い果実や赤い果実（ラズベリーなど）を連想させるようなフルーティな香りとすっきりとした酸味が特徴。フルーツとの相性がよいカカオ豆です。パティシエやショコラティエの間でよく使われています。

▶ベトナム／アジア

酸味に加え、フルーティな香りやスパイスの香りを連想させる独特の味わいがチョコレートファンの関心を集めています。

▶ドミニカ共和国／中南米

独特の発酵感と酸味があり、ほんのりスパイシーでチョコレートらしい香味が特徴です。ラム酒と合わせても負けないほどのインパクトとコクがあり、個性的な品質を保持しています。

▶ブラジル／中南米

ブラジルは国土が広いので、さまざまな種類のカカオ豆がとれます。北東部のバイーア州でよくとれるカカオ豆は程よい酸味、強い苦味と渋味を持っています。北部のパラー州トメアスー産のカカオ豆はさわやかな酸味と柑橘を思わせる香りが特徴です。

▶ペルー／中南米

地域により、品種、香味特徴はさまざまですが、ジャスミンのような華やかな香りが口の中に広がるフローラルな香味特徴を持つカカオ豆もあります。近年ペルー産カカオを使用したチョコレートが国際的な品評会で数多く受賞し、ショコラティエの注目を集めています。

4. カカオマス

カカオ豆の胚乳部であるカカオニブは、すりつぶしているうち
にペースト状になります。これがカカオマスで、チョコレート
の主原料です。カカオマスにココアバターや砂糖などを加え
て練り上げるとチョコレートになります。

◆ カカオニブをすりつぶしてカカオマスに

　カカオ豆を砕いて種皮を取り除いた胚乳部を「**カカオニブ**」といい、それを
すりつぶしたものを「**カカオマス**」といいます（海外のチョコレート製品には、カカオマ
スではなくココアリカー、チョコレートリカーと記載しているものもあります）。簡単にいえば、
このカカオマスにココアバターや砂糖、乳製品などを加えて粉砕し練り上げた
ものが「チョコレート」ということになります。

　カカオニブをすりつぶすとペースト状のカカオマスになる理由は、カカオ豆に
多く含まれる**ココアバター**にあります。煎りゴマを想像してください。最初、煎
りゴマは固形ですが、すり鉢ですると次第に油が出てきてゴマペーストになりま
す。ちょうどそのような感じです。

　カカオニブにはココアバターが50〜57％程度（標準的な含有量は約55％）含ま
れているので、カカオニブを粉砕するとココアバターが細胞から遊離して、ドロ
ドロのペースト状になるのです。こうしてペースト状になったものを「カカオマス」
と呼びます。

● カカオ豆からチョコレートへ

カカオ豆	カカオニブ	カカオマス
ロースト	種皮を除いて粉砕	すりつぶしてペースト状に

この「カカオマス」「ココアバター」に「砂糖」や「乳製品」を配合して作られるのが「チョコレート」です。その配合により、下記のように分類することができます。

● **チョコレートの分類**

	カカオマス	ココアバター	砂糖	乳製品（粉乳）
ダークチョコレート※	○	○	○	△～×
ミルクチョコレート	○	○	○	○
ホワイトチョコレート	×	○	○	○

※ダークチョコレートはスイートチョコレート、ビターチョコレートと呼ぶこともある。

ここでいう「乳製品」は、いわゆる液体の牛乳のことではなく牛乳を乾燥させた「粉乳」です。これについては後ほど、「その他の主原料」で詳しくふれます（77㌻参照）。

ココア（Cocoa）とカカオ（Cacao）の違い

CHOCOLATE column

　ココアとカカオの違いには明確な定義がありません。メソアメリカを征服したスペイン人が先住民の発音をもとに「カカウから作ったショコラトル」と伝え、それがヨーロッパから世界へと広がっていくうちに、チョコレートにまつわるさまざまな用語ができて、定義が確定しないまま使われるようになりました。

　一般には、加工度の低い場合は「カカオ（カカオ豆、カカオマス等）」を使い、加工された後は、「ココア（ココアバター、ココアパウダー等）」と使い分けていることが多いようです。

5.ココアバター

カカオ豆に含まれている油脂がココアバターです。カカオニブの成分の約55%を占めています。チョコレートを口に入れたときのなめらかな口どけは、ココアバターが体温に近い温度で一気にとけるからなのです。

◆ チョコレートの口どけをよくするココアバター

　チョコレートの製造では、カカオニブをすりつぶしてペースト状にし、カカオマスにする工程がありますが、ドロドロとしたペースト状になっていくのはカカオ豆に含まれている油脂である**ココアバター**の働きによるものです。カカオニブには、一般的にココアバターが50〜57％程度（標準的な含有量は**約55%**）も含まれています。残りは非脂肪カカオ分のほか、ローストしたカカオニブなら水分が1〜2％含まれています。

　チョコレートを食べたときのなめらかな口どけや、チョコレートの香味が素早く口の中に広がるのは、ココアバターの性質によるものです。ココアバターは、チョコレートのおいしさに大きく貢献しています。

　このココアバターは常温では固まっていますが、**25℃ぐらいから急速にとけ始め、32〜33℃近辺でほぼ完全にとけてしまいます。**ココアバターの融点は一般的に**33.8℃**ですから、体温よりやや低いくらいの温度になると急激にとけだすことになります。体温近くで一気にとける植物性油脂はココアバターをおいてほかにはなく、非常に独特な性質を持つ油脂といえます。

● カカオニブの成分

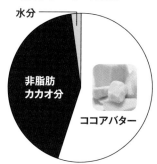

水分
非脂肪カカオ分
ココアバター

　また、ココアバターにはチョコレートに欠かせない種々の香気成分があります。さらに、天然の抗酸化物質を含んでいるために他の油脂とは違って酸化しにくいという優れた性質も兼ね備えています。チョコレートのおいしさが長く保たれる理由がココアバターにあることがわかります。

◆ 固体から液体への変化を示すSFC曲線

ココアバターのこれらの性質と、次項で詳しく説明するテンパリングは、「チョコレート スペシャリスト」「チョコレート エキスパート」「チョコレート プロフェッショナル」として最低限知っておかなければならない内容です。少し専門的になりますが、ここではココアバターの性質、さらにはチョコレートの特徴を理解するために重要なSFC曲線についてふれておきましょう。

SFC（Solid Fat Content）曲線とは、油脂が温度上昇によって固体から液体へと変化していく様子を示した曲線のことをいいます。これにより、いろいろな油脂が持つそれぞれの特徴を理解することができます。

● ココアバターと各種油脂のSFC曲線

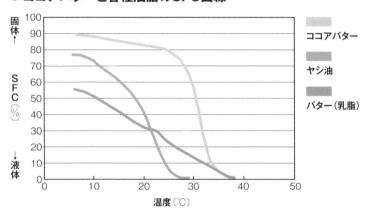

SFCとは、ある温度における油脂全体に対する固体脂の量（比率）を示すものです。

SFC＝0%　　完全な液体
SFC＝50%　　液体と固体が半々で混ざった状態
SFC＝100%　完全な固体

このグラフを見ればわかるとおり、ココアバターは25℃までは油脂中の80%以上が固体ですが、25℃を超えると急速にとけ始め、32～33℃あたりでほぼ完全にとけて液体になります。

◆ 融点33.8℃によって実現されるなめらかさ

ココアバターが体温より数度低い温度で完全にとけきるのには大きな意味があります。体温より少し低い温度で急速にとけるからこそ、口に入れたときにチョコレートのなめらかな口どけ感がたのしめるのです。

もしココアバターの融点が体温と同じくらいだとしたら、口の中で融点に達するまでに時間がかかり、ようやくとけたときにはワックスを食べているかのようなもたもたした感じになってしまうでしょう。逆に、ココアバターの融点が33.8℃より1〜2℃低かったら、チョコレートがベタベタになるシーズンが長くなってしまい、冬の季節にしか食べられなくなってしまいます。

ココアバターのとける温度は、ほんの1〜2℃高くても低くても不都合が生じるほど微妙なものです。この点において、チョコレートはまさに神が人間のために作ったのではないかと思えるような不思議な特徴を持っています。

体温に近い温度でとけるという性質を生かし、ココアバターはチョコレート以外の製品にも広く活用され、座薬や口紅などの原料にもなっています。

急速にとけるココアバターと対照的な油脂が、バター（乳脂）です。バターは温度が高くなるにつれ、徐々にとけていきます。

◆ ココアバターに存在する6種類の結晶

チョコレートが固まっている（固化している）状況においては、ココアバター結晶に関する理解が重要になります。

通常、油脂は融点に応じて結晶化し、複数の型をとります。これを多形現象といいます。ココアバターもこの多形現象を有しており、6種類の結晶型が知られています（右ページの表参照）。6つの結晶型は低融点側から順に、Ⅰ型、Ⅱ型、Ⅲ型、Ⅳ型、次いでチョコレートに適しているⅤ型があり、最後がⅥ型となります。多形の安定性と融点は比例関係にあり、不安定多形は次第に安定多形へと変化（多形転移）していき、これにともない融点が上昇します。

6種類の多形のなかで、**チョコレートに適した多形はⅤ型のみ**です。その理由は以下のとおりです。

- ●安定型である
- ●収縮率が高い（型からの剥離がよい）
- ●最適な口どけ
- ●艶がよい

● ココアバターの結晶多形

結晶型	融点(℃)	艶	備考
Ⅰ	17.3	悪い	不安定結晶
Ⅱ	23.3		
Ⅲ	25.5		
Ⅳ	27.5		
Ⅴ	33.8	よい	安定結晶（製品）
Ⅵ	36.3	－	ブルーム発現

チョコレート製品は必ずⅤ型として結晶化させなければならず、そのための操作が**テンパリング**です。テンパリングの詳細については、次ﾍﾟから説明します。

ココアバターは発芽のエネルギー

　食べるチョコレートは19世紀のイギリスで発明されましたが、それは平均気温が30℃以下の温帯地方だからこそできたことでした。

　というのも、チョコレートが固形状態を保つためには、含まれているココアバターが結晶化していなければなりません。カカオ豆の産地である熱帯地方では気温が、33.8℃というココアバターの融点を超えてしまうので、ココアバターは結晶化せず、液状なのです。そもそも、ココアバターはカカオ豆の発芽のためのエネルギーになるもの。もし固まっていたら、カカオ豆は発芽できません。熱帯地方の産地ではココアバターはとけているのが当然なのです。

6. テンパリング（調温）

チョコレートの温度を調節して、チョコレートに含まれるココアバターを安定した結晶にする作業がテンパリングです。とかしたチョコレートを冷却、再加熱して安定した結晶を作り出す過程を見ていきましょう。

◆ 安定した結晶を作り出す

　前述したとおり、テンパリングとはチョコレート中のココアバターをⅤ型として結晶化させるための操作のことです。具体的には、とかしたチョコレートを冷やし固める前に行う「温度調節」の作業です。テンパリングは、おいしくてなめらかなチョコレートを作るために欠かせない非常に重要な工程です。しかし手作りチョコレートを試みる一般の人にとっては、チョコレート作りの失敗の原因になりやすい作業なので、テンパリングには「難しい」「面倒」といったイメージが強くあります。

　安定結晶（Ⅴ型）で固まったチョコレートは緻密な構造を有します。テンパリングがうまく行われていないチョコレートと比較してみましょう。

テンパリングがうまく
行われていないチョコレート

❶ 艶がない。
❷ 固まりにくく型から剝離しない。
❸ 口どけが悪くなる。
❹ パキンと割れない（スナップ性がない）。
❺ 保存中にブルーム現象（ブルーミング）と
　 呼ばれる独特の劣化現象を生じる。

安定結晶（Ⅴ型）で
固まったチョコレート

❶ 艶がある。
❷ チョコレートが収縮し型から剝離する。
❸ 口どけがよい。
❹ パキンと割れる（スナップ性がある）。
❺ ブルームが出にくい。
　 ※ブルーム現象の詳細は122ダ参照。

　チョコレートが固体であるのは、チョコレートを構成しているココアバターが結晶化しているからです。結晶化したココアバターはⅠ型からⅥ型まで6種類のどれかに属し、その状態によって「**安定した結晶**」か「**不安定な結晶**」のどちらかに振り分けられます。チョコレートの場合、すべてのココアバターが「安定した結晶」、すなわちチョコレートに最適な結晶型のⅤ型である必要があり

ます。テンパリングでは、「温度変化で安定した V 型結晶を生成させる」ために、下図のようにチョコレートの温度調節をしていきます。

● テンパリングの最適な温度変化と結晶の動き※

ココアバターの安定した結晶（**融点33.8℃**）

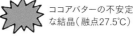
ココアバターの不安定な結晶（融点27.5℃）

安定した結晶（V型）だけでできたチョコレート

STEP❶　チョコレートを50 〜 55℃に加熱する ➡ すべての結晶をとかす。
STEP❷　温度を27 〜 29℃まで下げる ➡ 不安定な結晶を生成させる。
STEP❸　温度を31 〜 32℃まで上げる ➡ 温度を上げる過程で、不安定な結晶が融解し、安定結晶（V型）の核を作る。
STEP❹　チョコレートを冷やし固める ➡ 核を中心にチョコレート中のココアバター全体が安定した結晶（V型）となる。

※ダークチョコレートの場合。ミルクチョコレートやホワイトチョコレートは上記より1 〜 2℃低く調整されます。
※製品により微妙な差異があるため、上記は目安の温度となります。

　チョコレートは、ココアバターの結晶が安定した形に統一されている場合のみ正常に固まることができ、艶のある仕上がりとなります。逆に不安定な結晶が混ざっていると、チョコレートがきちんと固まらないだけでなくファットブルーム（122ﾍﾟｰｼﾞ参照）の原因になります。

乱反射（艶なし・ブルーム）　　　　　　　　反射（艶・光沢）

テンパリングができておらず不安定結晶が発生したため、構造が乱れてしまったチョコレート

正しいテンパリングにより、安定結晶のココアバターだけでできているチョコレート

不安定な結晶が混ざった状態のチョコレートは表面がでこぼこしているため、光が乱反射して白っぽく見えます。テンパリングが不十分でファットブルームを起こしたチョコレートが白っぽく見えるのは、不安定な結晶がチョコレート表面にできているためです（前ダーの図参照）。

◆ テンパリングの方法

手作りチョコレートでのテンパリングの作業工程を紹介します。

❶ 細かく刻んだチョコレートをボウルに入れ、**50〜55℃**くらいの湯煎でとかす。静かに混ぜながらチョコレートの温度も50〜55℃くらいにする。水が入るとボソボソした口どけの悪いチョコレートになってしまうので注意。

❷ チョコレートがとけたら、チョコレートを入れたボウルを水の入ったボウルに当て、とけたチョコレートを撹拌しながら、**27〜29℃まで冷やす**。

❸ 再び、チョコレートのボウルを湯煎に2〜3秒当てる。すぐに湯煎から外し、撹拌して温度を上げていく作業を繰り返し、**31〜32℃にする**。

※ミルクチョコレートやホワイトチョコレートの場合は、②、③に記載の温度よりも1〜2℃低めに調整。

最後にスプーンやへらなどで少量のチョコレートをすくいあげ、試験的に冷やし固めます。数分間おいて固まればテンパリングは成功です。

この状態でチョコレートを型に流したり、その他の作業を行えば、艶とおいしさの両方が揃った品質のよいチョコレートができあがります。

テンパリングで最も重要なのは、**冷やす温度、加熱する温度を正確に、しかも均一に攪拌すること**です。それさえできれば、テンパリングは失敗しません。

　温度を正しく均一に攪拌作業をするためには以下の点が重要です。

❶ 温度を正確に測定する。

❷ 湯煎や水につける時間を短くして急激な温度変化を防ぐ。

❸ へらなどで均一になるようよくかき混ぜる。

❹ 水分が入らないようにする（湯煎の湯気にも注意）。

簡易的テンパリング

❶ チョコレートを細かく刻んでボウルに入れ、1/4量を別にとっておく。別のボウルに50〜55℃くらいの湯を入れ、そこにチョコレートの入ったボウルを当て湯煎する。チョコレートをとかし、チョコレートの温度を50〜55℃くらいにする。

❷ 湯煎のボウルの水を外し、ゴムべらで混ぜながらチョコレートを冷やす。とっておいた刻んだチョコレートを少しずつ加え、チョコレートの温度を32℃まで下げる。

❸ ボウルの底のチョコレートをはがすような感じで、よくかき混ぜチョコレートを完全にとかす。好きな型に入れて固めれば手作りチョコレートのできあがり。

7.その他の主原料

カカオニブをすりつぶしたカカオマスに、ココアバター、砂糖、乳製品、レシチン、香料などが加えられてチョコレートになります。カカオマス、ココアバター以外のチョコレートの主原料についても知っておきましょう。

◆ チョコレートを飛躍的においしくした「砂糖」

　砂糖は、チョコレートをよりおいしくするために16世紀のヨーロッパで加えられるようになりました。

　カカオをヨーロッパに伝えたのは、アステカ帝国を征服したスペイン人エルナン・コルテスです。アステカ人が飲んでいたショコラトル（カカオ豆で作った飲み物）はとても苦く、スペイン人にとっては我慢できないものでした。そこで、カカオに対してアステカ人のような思い入れがなかったスペイン人は、このころにはヨーロッパで広く使われるようになっていた**砂糖**を加えてみたのです。砂糖が入ったショコラトルは、びっくりするほどおいしくなりました。砂糖が苦味や渋味を程よく中和し、カカオのフレーバーが引き立つようになったのです。これ以来、砂糖はチョコレートにはなくてはならない原料となりました。

　ちなみにミルクチョコレートとダークチョコレート（スイートチョコレート）の違いを砂糖の量だと思っている人もいるかもしれませんが、砂糖の量はさほど変わらず、違いを生んでいるのはカカオマスの量です。最近ではカカオ95％など、砂糖を少なくして高カカオをコンセプトにした商品も登場していますが、本来、砂糖はチョコレートを飛躍的においしくした重要な原料なのです。

　砂糖は製造方法によってグラニュー糖、上白糖、三温糖などがあります。ほとんどの場合、チョコレートの原料には純度の高いグラニュー糖が使用されます。グラニュー糖は粒が大きく、そのままカカオマスと混ぜるとざらついてしまうので、「レファイナー」（39ページ参照）と呼ばれるロールにかけて、舌がざらつきを感じない**20ミクロン以下**の大きさまで粉砕します。レファイナーを使わずチョコレートを作る場合は、グラニュー糖を細かく砕いた粉糖と呼ばれる微粉の砂糖を使うことがあります。

◆ イーティングチョコレートに欠かせない「粉乳」

ミルクチョコレートやホワイトチョコレートには乳製品が入っています。といっても、液体の牛乳をそのまま加えるのではなく、粉末にした「粉乳」が使われています。

一般に粉乳は、牛乳を濃縮してから高温の乾燥室で噴霧し、瞬間的に乾燥微粒化する製法で作られます。**牛乳をそのまま乾燥させる「全粉乳」のほか、脱脂乳を乾燥させる「脱脂粉乳」**などがありますが、チョコレートに加える粉乳は主に全粉乳です。

全粉乳の製法は、まず原料乳を加熱殺菌し、真空釜で濃縮します。濃縮された乳は水分5％以下になるまで加熱乾燥を行います。乾燥室中に熱風（120〜150℃）を送り込み、この中に濃縮乳（45〜50℃にしておく）を噴霧すると、牛乳のしずくが落下するほんの一瞬の間に乾燥して粉乳となるのです。この乾燥法を「スプレードライ法」と呼びます。

● 粉乳の栄養成分値（100g中）

	水分(g)	たんぱく質(g)	脂質(g)
全粉乳	3.0	25.5	26.2
脱脂粉乳	3.8	34.0	1.0

（引用：日本食品標準成分表2020年版（八訂））

粉乳

1847年、イギリスで「食べるチョコレート（イーティングチョコレート）」が誕生しました。そのころ、飲むチョコレートにミルクを入れることはすでに知られていましたが、食べるチョコレートにはミルクは入っていませんでした。というのも、当時はまだ粉乳が開発されておらず、固めたチョコレートにミルクを添加することはできなかったからです。

ミルクのように水分の多いものはココアバターとは非常になじみが悪く、チョコレートの流動性をなくしてしまいます。また、水分が多いとすぐにカビが生えたり腐ったりします。粉乳が開発されていなかった当時としては、どうにも解決できないことでした。その後、どうやってミルクチョコレートが誕生したかは、第4章で詳しく述べます。

◆ 原材料を上手に混ぜる「レシチン」

　チョコレート作りでは乳化剤も大きな役割を果たしています。多く使われるのは天然の乳化剤のレシチン（リン脂質の一種）で、大豆からとれた大豆レシチンが主に用いられます。乳化剤の第一の機能は、「本来混ざらない水と油を混ざるようにする」ことです。たとえばサラダ油と酢を混ぜただけでは混ざりませんが、ここに卵という天然の乳化剤（卵黄レシチン）を加えると油と水が混ざり、マヨネーズになります。同様なことがチョコレート作りでもおこります。

　乳化剤には他の機能もありますが、チョコレートにレシチンを添加するのは、乳化剤の持つ「微粒子の分散機能」を活用するためです。レシチンが砂糖やカカオマスの微細な粒子を液体状のココアバターにうまく分散させ、均一化することにより凝集を防止します。また、チョコレートの粘度を下げることで作業性をよくし、ブルーミングを遅らせるなどの効果もあります。

◆ 微妙なバランスで配合される「香料」

　チョコレートには香料が加えられていることがあります。香料は、動植物から抽出した天然香料と、化学的に合成された合成成分があります。その種類はさまざまで、フルーツの香料、バニラの香料、花（バラなど）の香料など、作りたいチョコレート製品の内容によって選定し、加えていきます。香料は多くの成分で構成されており、チョコレートに最適な香料の成分はppm単位の非常に微妙なバランスで配合されています。

　チョコレートの香りと相性がよく、香りづけとしてよく使われるのがバニラです。バニラはマダガスカルやインドネシアで栽培されている、つる状の植物です。この植物のさやの中に、**バニラシードと呼ばれる非常に細かい種子**が入っています。種子自体に香りはなく、さやの部分に甘いバニラ香が蓄積しています。

バニラ

チョコレート作りに役立つ道具 ①

温度計、パレットナイフ、ゴムべら、フォーク

バレンタインやクリスマスなどには、チョコレートやチョコレート菓子を手作りしてみたいと思う人も多いのではないでしょうか。そんなときに、あると便利な道具を紹介しましょう。

テンパリングをするなら温度計があるとよいでしょう。テンパリングだけに使うならさほど高温まで測れなくても大丈夫ですが、キャラメリゼ（167㌻参照）をしたりジャムを煮詰めたりするときのために200℃まで測ることのできるものもあり、必要に応じて使い分けましょう。

温度計

パレットナイフ

ボンボンショコラ（96㌻参照）を作る際にあると便利なのがパレットナイフ。チョコレート生地をならすときに使う、長い金属製のへらです。クリーム状のものやグラサージュ※を塗るときにも使います。スパチュラとも呼ばれます。

ボンボンショコラのセンター（98㌻参照）のキャラメルやヌガーを煮詰めるときにはゴムべらや木べらを使います。

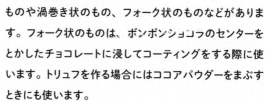

ゴムべら

フォーク

チョコレート用のフォークもあると便利です。先端は丸いものや渦巻き状のもの、フォーク状のものなどがあります。フォーク状のものは、ボンボンショコラのセンターをとかしたチョコレートに浸してコーティングをする際に使います。トリュフを作る場合にはココアパウダーをまぶすときにも使います。

※菓子の表面にチョコレートソースをかけてコーティングすること。

8. チョコレートの副原料

バリエーション豊富なチョコレート作りに欠かせない、脇役でありながら大事な存在といえる「副原料」。ナッツ類、フルーツ類、その他の副原料の3つに大別し、それぞれよく使われる素材を見ていきましょう。

◆ 濃厚な香味をプラスする「ナッツ類」

ナッツには油分が40〜80％程度含まれているため、栄養価が高く、濃厚な香味をチョコレートに加えます。ナッツのローストには3つの方法があります。

- ❶ **直火ロースト**　　焼き網の上で煎るイメージ。
- ❷ **熱風ロースト**　　カカオやコーヒーと同じように、高温の熱風で煎る。
- ❸ **フライロースト**　　油で揚げる。

日本でナッツといえばアーモンドやマカダミアナッツが有名ですが、世界の生産量で見るとピーナッツとカシューナッツが圧倒的です。チョコレートとナッツの組み合わせも地域によって特色があり、日本ではアーモンドやマカダミアナッツに直接チョコレートを組み合わせるのがポピュラーで、幅広い世代に人気があります。一方、ヨーロッパではヘーゼルナッツとアーモンドが中心で、丸のままのほかペースト状にしたものも多く用いられます。アメリカではアーモンドのほか、ピーナッツとの組み合わせがとてもポピュラーです。

〈アーモンド〉

ナッツの代表格ともいえ、菓子との組み合わせでは日本で最も多く利用されています。世界最大の生産地は**アメリカ・カリフォルニア州**です。利用方法は広範囲にわたり、製菓原料用として**ローストしたものをホール**（丸のまま）で使用するほか、ダイス（砕粒）、スライス、パウダー（粉末）、ペーストなどさまざまに粉砕加工して使用されます。味つけしたスナックナッツや料理用もあります。

〈マカダミアナッツ〉

主要産地は**ハワイ**です。生産量の大部分をチョコレート加工品として輸出しており、原料としての輸出量は多くありません。原料用の原産地としては、**オーストラリア**が主要産地としてあげられます。日本では最近菓子の原料としての利用が増え、年々消費量が伸びています。淡白な甘味と快い口当たりで、ローストスナック、高級菓子、チョコレートのセンター材料として、また、ダイスカットしてアイスクリーム、ケーキなどにも広く利用されています。

〈ヘーゼルナッツ〉

トルコ北部の黒海沿岸が世界最大の生産地ですが、**イタリア・ピエモンテ州**のものは品質のよさが有名です。さまざまな菓子やパン、チョコレート、アイスクリームなどに用いられ、加工形態もホールのままからスライス、ペーストなどさまざまで、用途により使い分けられます。ヘーゼルナッツペーストをベースに砂糖、ココアなどを混ぜ合わせたチョコレート風味のスプレッド「ヌテラ」はヨーロッパの多くの家庭で常備される人気商品です。

〈ピスタチオ〉

イラン、アメリカが主要生産国です。殻付きは、ロースト塩味加工によるスナックナッツや製菓材用として利用されます。濃厚な風味やその鮮やかな緑色から、「ナッツの女王」「緑の宝石」と呼ばれています。ホールまたはペーストにして用い、洋菓子の彩りにも重宝されます。

〈クルミ〉

中国が最大の産地です。紀元前7000年ごろから人類が食していた最古のナッツといわれ、今も菓子やパン、各種料理に幅広く利用されています。

〈ピーナッツ（落花生）〉

生産国は、中国、インドなど。日本でも生産されており、千葉県、茨城県での生産が有名です。ピーナッツ加工品の代表ともいえるピーナッツバターは、ケーキ、マフィンなどに利用されます。アメリカでは、チョコレートとナッツの組み合わせとして真っ先に思い浮かぶほど親しまれています。

〈カシューナッツ〉

生産国は、ベトナム、インド、コートジボワールなどですが、多くは技術上の問題や加工設備の面から殻付きのままインドへ輸出されます。よって、独自の脱殻方法を用いるインドが世界最大の生産・輸出国になっています。

〈ピーカンナッツ〉

アメリカ中西部原産のクルミ科の木の実です。栄養価もクルミと同様で、独特の深い香りとコクがあり、アメリカでは洋菓子のトッピングとして多く使われます。一方、ヨーロッパではほとんど知られていません。

◆ ナッツの加工品

ホール以外にもナッツはさまざまに加工され、ケーキやチョコレートの原料となっています。関連する製菓用語も多いので、違いを理解しておきましょう。

カット品

ナッツは、スライスしたり、砕いたりしたものを菓子の原料として使うことが多くあります。

ホール
（丸のままの意味）

皮付きスライス

皮なしスライス

1／4カット
（縦切り）

ダイスカット

パウダー

ペースト品

ナッツには油分が40〜80％程度含まれているため、カカオ豆やゴマと同様にすりつぶすとペースト状になります。ペースト状のナッツは風味がよく、菓子の原料として使いやすいので、古くからいろいろな用途に使用されています。プラリネ、ジャンドゥーヤ、マジパンなど、ヨーロッパの伝統に根ざした独特のナッツペースト加工品もあります。

〈プラリネ（praline）〉

プラリネは、一般的には「**砂糖を煮詰めた糖液を、アーモンドやヘーゼルナッツにかけたもの**」を指します。プラリネをローラーにかけペースト状にしたものもプラリネペーストと呼びますが、それを略してプラリネと呼ぶこともあります。ナッツとカラメルの香ばしい香りがいっしょになった、濃厚でコクのある素材です。

多くの場合、**アーモンドが原料のものはアーモンドプラリネ、ヘーゼルナッツが原料のものはヘーゼルナッツプラリネと呼ばれます。**また、ペースト状にしたものをとかしたチョコレートに混ぜたものもプラリネといいます。

〈ジャンドゥーヤ（gianduja）〉

ヘーゼルナッツがたくさん自生していたイタリア北西部のピエモンテ地方が起源です。ジャンドゥーヤは、**ローストしたヘーゼルナッツまたはアーモンド、もしくはその両方に砂糖を加えてすりつぶしてペースト状にし、さらにチョコレートを加えてローラーにかけたもの**を指します。ボンボンショコラのセンター（98ジ参照）によく使われます。また、ローストして細かく砕いたヘーゼルナッツを加えたチョコレートのことも指します。このチョコレートはイタリアが本場で、ヘーゼルナッツにアーモンドやその他のナッツを加えたものもあります。

〈マジパン（marzipan）〉

　ローストせずに蒸したアーモンドと砂糖をいっしょに
ローラーにかけて挽き、ペースト状にしたものです。ねっ
とりとした食感がヨーロッパでは人気で、菓子作りに幅広く使われています。アー
モンドと砂糖の比率で味を調整しますが、その比率は1：2や2：1など用途に
合わせてさまざまなバリエーションがあります。

　粘土のような可塑性があるので、チョコレートセンターなどのフィリングとして
だけではなく、日本の「あん」と同様、細工物にも使われます。

◆ チョコレートと相性のよい「フルーツ類」

　チョコレートとフルーツの相性はよく、さまざまなフルーツがチョコレートと組
み合わされて使われています。主に加工したフルーツを使うことが多いのです
が、チョコレートで使われるフルーツ加工品について、味と加工方法の2つか
ら解説します。

● チョコレートに使われるフルーツの種類

味による分類
・**イチゴ**（ストロベリー）
・**ラズベリー**（フランス語でフランボワーズ）
・**バナナ**
・**オレンジ**
・**パッションフルーツ**
・**ブルーベリー**　など

加工方法による分類
フルーツ類は主に、加工してからチョコレートに混ぜ込んだり、シェルチョコレートのセンターとして使われたりします。
・**フリーズドライ**
・**ドライフルーツ**
・**コンフィチュール**（167ジ参照）

〈フリーズドライ〉

　凍結乾燥のことで、−30〜−40℃で急速凍結した後、減圧して真空にす
ることで水分を昇華させ、乾燥させます。色や香り、味、形状を保持したまま
水分2％程度以下の乾燥食品になるため、物理的・化学的変化を受けにくく、
ビタミンなどの栄養成分やタンパク質の変性が生じにくいのが特徴。イチゴ、
ラズベリー（フランボワーズ）などはホールのままチョコレートをかけたり、パウダー
状にしてチョコレート生地に混ぜ込んだりして使います。近年は種類が増え、
バナナやマンゴーなどもあります。

フリーズドライのイチゴ
（ホール）

フリーズドライのイチゴ
（パウダー）

フリーズドライのラズベリー
（ホール）

〈ドライフルーツ〉

レーズン

　フルーツを収穫時の形そのままに乾燥させたもので
す。レーズンのように天日乾燥させるもののほか、いっ
たん砂糖や洋酒で漬け込んでから乾燥させるものもあります。

◆ その他の副原料

　チョコレートによく使われる副原料として、最後に生クリームと抹茶を紹介します。チョコレートにプラスすることで、特徴ある味に仕上がります。

〈生クリーム〉

　一般に、**牛乳には脂肪分が3％強含まれています。牛乳を濃縮して脂肪分を高めたものが生クリームです。**古くは生乳を静置したときに表面に形成される、脂肪分に富んだ層をすくい取って製造していましたが、現在は牛乳を遠心分離等により濃縮します。乳等省令（乳及び乳製品の成分規格等に関する省令：厚生労働省）の定義では、クリームは「生乳、牛乳又は特別牛乳から乳脂肪以外の成分を除去したもの」とされています。クリームの濃度は国によって規定は異なりますが、**日本の場合は乳脂肪分18.0％以上と定められています。**製菓原料としては乳脂肪分30〜45％のものが多く使用されます。

〈抹茶〉

　日光を遮って育てる「覆下茶園」から摘採した茶芽を蒸し、もまずにてん茶炉で乾燥させた「てん茶」を茶臼で微粉末にしたものが抹茶です。鮮やかな明るい緑色と特有の渋味や香りがたのしめます。主にホワイトチョコレートをベースにした生地に加えるなど、その特性を生かした商品に用いられることが多いです。

9. チョコレートの配合

主原料である「カカオマス」「ココアバター」「砂糖」「乳製品」「レシチンや香料など」の配合に変化をつけることで、チョコレートはさまざまな味や風味が生み出されます。特徴的な3つのチョコレートの配合を見てみましょう。

◆ 配合による3つの分類

チョコレートはいろいろな原料や成分がバランスよく配合されている食べ物です。もともとはスパイシーな飲み物だったチョコレートですが、砂糖や乳製品を入れることでマイルドな味わいの「食べるチョコレート」へと変身しました。砂糖や乳製品のマイルドさがカカオの苦味や渋味を引き立て、より一層のおいしさを作り上げているのです。

私たちが普段食べているチョコレートは、それら主原料の配合により**「ダークチョコレート」「ミルクチョコレート」「ホワイトチョコレート」**の3つに分けられます。その味わいはそれぞれ特徴があります。

〈ダークチョコレート〉

「カカオマス」「ココアバター」「砂糖」「レシチンや香料など」で作られるチョコレートのことをいいます。スイートチョコレートとも呼ばれます。一般的にはカカオマスが40〜60％以上のものを指します。カカオ分が70％以上のものはとくに高カカオチョコレートと呼ばれます。

〈ミルクチョコレート〉

乳製品の入ったチョコレートです。**「カカオマス」「ココアバター」「砂糖」「乳製品」「レシチンや香料など」**で作られます。乳製品としては、全粉乳のほかに、脱脂粉乳、クリームパウダーなどが使われることがあります。

〈ホワイトチョコレート〉

**「ココアバター」「乳製品」「砂糖」「レシチンや香料
など」**で作られます。ホワイトチョコレートは「カカオマス」
が入っていないので、白～淡黄色をしています。「カカオマスが入っていないホ
ワイトチョコレートは本当にチョコレートなのか?」という疑問を持つ方もいるか
もしれませんが、カカオ豆の主成分であるココアバターを原料としているので、
チョコレート色でなくてもチョコレートなのです。

　「カカオマス」「ココアバター」「砂糖」「乳製品」「レシチンや香料など」、これ
らの主原料に「副原料」が加わり、さまざまなバリエーションのチョコレートを
作り出すことができます。メーカーは原料や製法にこだわり、思い思いのチョ
コレートを製造していますが、チョコレートの配合には表示規約があり、自由
に作れるわけではありません（124ﾍﾟ参照）。全国チョコレート業公正取引協議
会が定めた規約を遵守しながら配合を作っていきます。

CHOCOLATE column

幻のカカオ～ホワイトカカオ～

　世界でも収穫量が極端に少なく"幻のカカオ"とも評され、"カカオの原種"
に近いといわれている「ホワイトカカオ」。通常のカカオ豆は中身が紫色なの
に対し、ホワイトカカオは白いのが特徴です。紫と白が混在する品種もあり
ますが、白だけの品種は極端に少なく希少です。

◆ カカオ分○○％の表示

　最近、「カカオ分○○％」といった表示を目にするようになりました。これはカカオマスやココアパウダー、ココアバターなどのカカオ由来原料（水分を除く）の合計の割合を表したものです。たとえば「カカオ分70％」と表示されているダークチョコレートの場合は、残り30％が砂糖や添加物などです。同じカカオ分70％のチョコレートでも、カカオマスとココアバターの比率は製品により異なることがあり、その味わいも変わります。

● 一般的なチョコレート

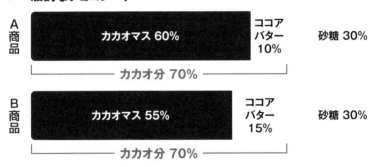

● Bean to Barでよく見られるチョコレート

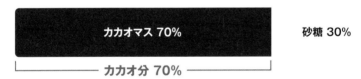

「カカオマス」＋「ココアバター」＝「**カカオ分70%**」
※正確にはカカオマス中の水分を除いた重量比をカカオマスの割合として使う。

第3章
さまざまな
チョコレート

チョコレートは、さまざまな姿で私たちの目の前に現れ、多種多様なおいしさを提供してくれます。

この章では、その製造方法によるチョコレートの分類を見ていきましょう。

加えて、チョコレートの花形「ボンボンショコラ」についても詳しく紹介します。どんな種類があるのか、ひと粒ひと粒にどんなアイデアや工夫が込められているのか、その秘密と魅力に迫ります。

1. 代表的な製造方法

日本はもちろん、世界中には数えきれないほどの多種多様な チョコレートが存在します。これらのチョコレートは、型に流 し込んだり、コーティングしたり、大型機械を使ったり、手 作りだったり、さまざまな方法で製造されています。

◆ 製造方法によるチョコレートの分類

　チョコレートは製造方法によっても分類されます。代表的な製法を見ていき ましょう。

❶ モールド製法によるチョコレート

　テンパリングをした液状のチョコレートを、成形するための型に流し込んで 冷やし固める、チョコレートの製法として最もオーソドックスな方法です。この ときに使う型のことを英語でモールドと呼ぶことから、この製法を「**モールド製法**」 といいます。日本でいう「型抜きチョコレート」は、この製法を用いたチョコレー トを指します。

　チョコレート生地のみで作られた平たい板状のチョコレート、いわゆる板チョ コレートは「ソリッドチョコレート」とも呼ばれ、この製法で作られます。板チョコ レートは、フランス語だと「**タブレット**」と なり、英語では「**チョコレートバー**」とな ります。また、正方形の薄型チョコレート のことを、フランス語で正方形や四角を 意味する「**キャレ**」と呼ぶこともあります。

ソリッドチョコレートのモールド（プラスチック製）

　モールドには粒が分かれた型もあり、 ナッツなどの固形物を入れた粒チョコレー トを作ることもできます。

　モールドの材質は、古くは金属でした。 その後、プラスチック（ポリカーボネートなど）

粒が分かれた型もある。

が使われるようになり（現在でも主流です）、最近ではやわらかいシリコーンゴム製のものも見られるようになりました。チョコレートを取り出すときに、プラスチック製のモールドは台に何度も打ちつけてはがし落としますが、シリコーンゴム製の場合は軽く押し出すだけでチョコレートを外すことができます。

株式会社 明治
「THE Chocolate」の
表面デザイン。

　表面の形状の違いによって、チョコレートは香りや口当たり、味わいが違ってきます。たとえば、表面積を大きくすることで、口に入れたときに体温が伝わりやすくなり、香りが立ちやすくなります。

❷ シェルチョコレート

　ベルギーで生まれた、ボンボンショコラを作るための古典的な製法の1つで、ベルギー製法とも呼ばれています。これも型を使いますが、中にクリーム状や液状のものを封じ込め、チョコレートで完全に包み込んでしまいます。

　作り方の手順は、まず、型に液状のチョコレートを流し込んで逆さにし、振動させます。すると余分なチョコレートが流れ落ちて、型についたチョコレートだけが残ります。これを冷やし固めると、型に残ったチョコレートが殻のようになります。これを「**シェル**」と呼びます。できたシェルにガナッシュやプラリネ（99ᵍ参照）、フルーツのジャムやリキュールなどを流し込み、さらに液状のチョコレートでフタをします。再度冷やし固めて、型から外せばできあがりです。このとき反転させるため、フタをした面が底になります。

①型にチョコを流し込み　②反転し中のチョコを落とし　③できた殻に中身を詰め　④チョコでフタをして　⑤型から外すとできあがり

シェルチョコレートの製法
（引用：明治製菓株式
会社　お菓子読本）

　製造機械の精密化が進んだことから、近年では、逆さにする代わりに冷却した金属製の型を押し当ててシェルの厚みを均一にする成型方法や、シェル生地とセンター（中身）をダブルノズルで同時に絞り込む成型方法（ワンショット法）なども登場しています。

❸ 糖衣チョコレート

丸いチョコレートやチョコレートボールの上に、砂糖から作った糖液をかけて乾燥を繰り返します。すると、砂糖の結晶が覆い、これを「**糖衣**」と呼びます。色づけした糖液を用いることできれいな色をつけることができるのが特徴で、表面に光沢を持たせることもできます。

　糖衣の利点は、そういった装飾的な細工を施せることだけではありません。菓子の糖衣には、手で触っただけでとけるようなやわらかいものや、シャリッとした食感のものもありますが、チョコレートにかけるのは一般的に硬いタイプのものです。その場合、チョコレートがとけるくらいの高い温度にふれたとしても、糖衣の層に保護されてすぐにはとけないという利点があります。

❹ ホローチョコレート

　中が空洞になるように作られた立体のチョコレートをホローチョコレートと呼びます。

　形を彫った2枚の型を合わせて、中に適量の液状チョコレートを流し込み、回転させて型の内側にチョコレートを行きわたらせて冷却します。固まった後に型を開いて取り出すと、中が空洞のチョコレートができます。中が空洞になると、細工の細かい部分が壊れにくくなる効果があります。

　型の形には人形や動物、乗り物から建物まであらゆるものがモチーフに用いられますが、造形をたのしむために作られることが多いのが、このホローチョコレートな

① 型に適量のチョコを入れ

② 型ごと振動させて隅々までチョコをつけ……

③ 冷やして外すとできあがり

ホローチョコレートの製造工程
（引用：明治製菓株式会社　お菓子読本）

のです。

　ヨーロッパではクリスマスに、空洞の中にチョコレートやその他の菓子、おもちゃを入れたホローチョコレートが店頭を飾りますが、なかでも有名なのは、イースター（キリスト教の復活祭）のために大量に生産される卵形のものでしょう。その時期になると、大小さまざまな大きさの卵形のチョコレートが、カラフルに色づけされたり、きれいにラッピングされたりして数多く並べられ、街を彩る風景が見られるようになります。

ホローチョコレート
（引用：明治製菓株式
会社　お菓子読本）

ヨーロッパに根づく型抜きチョコレート

CHOCOLATE column

　フランスでは、イースターとクリスマスに並んで、型抜きチョコレートがたくさん生産されるのが4月1日です。この日は「ポワソン・ダブリル（4月の魚）」と呼ばれるフランス版エイプリルフールで、フランスではだまされやすい魚というイメージのあるサバを、イチゴのパイやチョコレートでかたどって食べる習慣があります。ヨーロッパにおいて型抜きチョコレートは、1年の行事を通して需要が高く、なじみ深いチョコレート製法の1つです。また、手作業での型抜きチョコレートには芸術性の高いものも多く、その場合は高度な技術を必要とします。

　ヨーロッパでは、できあがりが2〜3cmの小さなものから、1mを超える大きなものまでさまざまな型があります。型に流しては固める作業を何度も繰り返すため、かなりの時間を要する場合もありますが、モチーフの形をたのしむだけでなく、マーブル模様にしてみたり、部分ごとに色を変えてみたり、ぼかしてみたりと、高い技術とともに作り手独自の感性が表現されています。

❺ エンローバーチョコレート（被覆チョコレート）

　エンローバーとは、チョコレートでコーティングを
するための専用機械のことで、この機械を使って、
薄くチョコレートでコーティングをしたものを**エン
ローバーチョコレート**と呼びます。エンローブは、「覆
う」「包む」という意味のフランス語。そのため、日
本語では「被覆チョコレート」といいます。

エンローバーチョコレート

　エンローバーでは、金網でできたコンベアにセ
ンター（中身）となるガナッシュやヌガー、ビスケット、
ウェハースなどの素材をのせ、横に移動させなが
ら、上からチョコレートをカーテン状に流し落とし
ます。チョコレートの中をくぐらせたセンターは、全
体、または一部がチョコレートで覆われます。その
後、振動を与えたり、ブロワーという装置で風を
当てたりして、余分なチョコレートを落とします。
上からチョコレートをかける「上がけ」だけではな
く、コンベアの下からチョコレートを盛り上げさせ

エンローバーでチョコレートをカー
テン状にかける様子
（引用:明治製菓株式会社　お
菓子読本）

て行う「下がけ」や、両方を同時に行う「全体がけ」なども可能です。

　この機械は、大量のチョコレートを使いますが、センター（中身）に付着するチョ
コレートの量はほんの少しなので、付着しなかったチョコレートは粘度調整の
ために、再び加熱とテンパリングが必要になります。エンローバーはこのように
手間のかかる機械ですが、チョコレート菓子やボンボンショコラなど、いろい
ろなチョコレート製品を量産することができるため、現在では、世界中のチョ
コレート製造の現場になくてはならない機械になっています。

❻ パンコーティングチョコレート（かけ物チョコレート）

　ナッツやキャンディーなどをセンターにしてチョコレートコーティングしたチョコ
レートで、コロンとした丸い形状が特徴です。回転釜（コーティングパン）という機
械を用いるため、「**パンコーティング製法**」と呼びますが、パンワーク、かけ物、
釜がけなどともいいます。

　傾斜をつけた回転釜にセンターとなる素材を投入して、回転を加えながらブ

ロワーで冷風を吹きつけ、チョコレートを一定の間隔でスプレーします。すると、回転釜の傾斜と回転によってチョコレートがセンターに均一に付着し、徐々にコーティングの層が厚くなっていくと同時に、チョコレート同士がお互いにぶつかり合うことで表面がなめらかなボール状になっていきます。センターが球形なら球形になり、アーモンドのようにだ円形ならだ円形に仕上がります。一般的な直径900mmの回転釜を使った場合で、一度に60〜90kgものチョコレートを作ることができますが、最近ではさらに大きな回転釜が使われることもあります。

①回転釜にセンターを投入

②冷風を吹きつける

アーモンドチョコレートのできるまで

❶ ❷ ❸ ❹ ❺

❶ センターとなるアーモンド
❷ チョコレートをかける
❸ さらにチョコレートをかける
❹ チョコレートがけ終了
❺ 艶をつけて完成

❼ チョコレート菓子（チョコスナック）

スナック菓子、ビスケットなどの焼き菓子とチョコレートを組み合わせた菓子のことをこう呼んでいます。食べやすい食感で、世代、性別を問わず好まれているジャンルの菓子です。チョコレートは、吹きつけたり、かけたり、中に入れたりして使われています。味も形も豊富にあって、製造方法は商品

によってさまざまです。日本は世界でも有数のチョコスナック大国で、このジャンルでの息の長い商品も多く存在しており、なかには海外でも販売されて人気を博しているものもあります。

2. ボンボンショコラ

押しも押されもせぬチョコレートの花形、ボンボンショコラ。
その小さなひと粒はじつに奥深く、私たちの心を惹きつけて
やみません。ボンボンショコラとはいったい何なのか。この
項ではその魅力を広く深く探っていきましょう。

◆ ボンボンショコラの定義

ボンボンショコラとは、ひと口サイズのチョコレートの総称です。ボンボンは
フランス語でひと口サイズの砂糖菓子を意味します。イタリアからアンリ4世に
嫁いだマリー・ド・メディシスによってフランス宮廷にもたらされたドロップのこ
とを、宮廷内の子どもたちが「ボンボン」と呼んだことから生まれた言葉だと
いわれています。

ボンボンショコラは、正しいフランス語ではボンボン・オ・ショコラとなりま
すが、日本に持ち込まれた際に「ボンボンショコラ」と呼ばれるようになりました。
国や地域によってはほかにも異なる名称があり、ベルギーでは「プラリーヌ」、
スイスのドイツ語圏では「プラリーネン」と呼ばれています。

ボンボンショコラ
各種

丸いものは
トリュフともいう

◆ ボンボンショコラの歴史

ボンボンショコラはベルギーの老舗チョコレートブランド、**ノイハウス**から生
まれました。スイス出身の薬剤師ジャン・ノイハウスが、1857年にベルギーの
ブリュッセルでマシュマロや甘味料などの菓子と薬を売る薬店を開き、当時は
薬としてブロックのチョコレートを置いていました。やがて彼はおいしく食べら
れるチョコレートのレシピを研究するようになり、彼の息子がチョコレートの専
門店を開業。1912年には、孫にあたるジャン・ノイハウスJr.がシェルチョコレー

ト製法を開発し、あめをからませたナッツ類のペーストをチョコレートで包み込んだひと口大の粒状チョコレートを誕生させました。これがボンボンショコラです。詰め物をした粒チョコレートはプラリーヌと名づけられ、専用箱のバロタンの中に美しく並べられ、人々を魅了する菓子へと発展していきました。

なお、プラリーヌという呼び名について、日本では一部に誤解が生じています。「ベルギーではボンボンショコラをプラリネと呼ぶ」という説があり、ナッツ類のペーストであるプラリネと混同してわかりづらい、というのですが、ベルギー国内ではボンボンショコラを「**プラリーヌ**」と呼び、きちんとプラリネと区別しています。

ベルギーは今でも世界屈指のチョコレート大国。チョコレート専門店の数も多く、首都ブリュッセルにおいては100軒を超えるといわれています。今でもボンボンショコラの主流は、圧倒的に自国の伝統製法を用いたシェルチョコレートです。

屋号としての「ショコラティエ」

チョコレート職人という意味のショコラティエというフランス語は、フランスでは屋号として使われることもあります。その場合、名前の前か後にショコラティエとつきます。あるいは、屋号になっていなくても、店の看板の店名の脇にショコラティエと書かれていることがあります。それを見れば「この店のチョコレートはチョコレート職人が作っている、またはチョコレートをたくさん取り扱っている」とわかるのです。この習慣は、ショコラティエに限らず、コンフィズール（砂糖菓子職人）などの場合も同じです。また、パティシエ（菓子職人）がいればパティスリー、ブーランジェ（パン職人）がいればブーランジェリーの表記があるのが一般的です。

それに対して客側は、自分の認める店に対して親しみと尊敬を込めて、シェフとなる職人たちの名前の頭に「シェ」をつけて「シェ・○○」と呼ぶ習慣があります。「シェ」は「○○さんの家」という意味です。

◆ ボンボンショコラの形と構造

　ボンボンショコラは、一般的には、センター（中身）となるものをシェルやチョコレートで覆った構造をしています。センターのガナッシュ（右➚参照）をチョコレートで覆うことで保存性を高めます。

　シェルで覆ったものはシェルチョコレート製法で作り、チョコレートコーティングをしたものは、手作業によるコーティングか、機械のエンローバーを使ったエンローバーチョコレート製法で作られています。

● **ボンボンショコラ断面**
（シェルチョコレート）

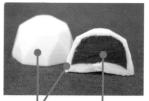

シェル　　**センター**

（エンローバーチョコレート）

チョコレートにおけるお国柄や地域性

　チョコレートが菓子としての発展を遂げたのはヨーロッパであるため、有名なチョコレートやスイーツもほとんどがヨーロッパ発祥です。しかしヨーロッパ以外の国や地域でも、独自の味覚に合わせたり、身近な材料を使ったりしたチョコレートが作られています。

　台湾では国際的に評価を受けているブランドが中国茶や中国の食材を使っていたり、また、日本では全国的にチョコレート専門店が増えてきたのに従って、地方のブランドが地産品を取り入れることも珍しくなくなってきました。たとえば沖縄では沖縄黒糖を使ったチョコレートがあります。

　その傾向が顕著なのがBean to Barのブランドです。北海道であれば新鮮な乳製品を使ったり、地元に出回る果物などを積極的に使ったりするケースが増えています。

◆ センターの種類

　ボンボンショコラのセンターといえば、代表的なのはガナッシュです。ほかにも、プラリネ、マジパンやジャンドゥーヤ、ヌガー、フォンダン、キャラメルなど、さまざまなバリエーションがあります。チョコレートと相性のよいナッツや、ヨーロッパでポピュラーな砂糖菓子を使ったものなどもよく見られます。

〈ガナッシュ〉

　一般的なガナッシュは、チョコレートをベースに加温した生クリームを混ぜ合わせ、なめらかなクリーム状の食感に仕上げたものです。ボンボンショコラのセンターのほか、ケーキや生チョコレートの材料にもなる重要な素材です。

　生クリームととかしたチョコレートは、1:3から1:1の比率で混ぜ合わせます。大切なのは、チョコレートと生クリームをしっかり乳化させること。最初は分離していますが、混ぜ合わせているうちに次第に乳化が始まり、なめらかな状態になっていきます。

　生クリームといっしょにバターを足すこともあり、またリキュールを入れたり、ピューレを加えて果物の風味をつけたりと、バリエーションはいろいろです。なお、ガナッシュには水分が含まれているため保存性が低く、短い期間で消費しなければなりません。

ガナッシュの作り方

❶刻んだチョコレートに生ク　　❷手早くかき混ぜる　　　　❸きちんと乳化し、なめらか
　リームを混ぜ合わせる　　　　　　　　　　　　　　　　　なクリーム状になれば完成

〈プラリネ〉

　砂糖を煮詰めた糖液を、ローストしたアーモンドやヘーゼルナッツ（または両方）にかけたもの。細かく砕いたものや、それをローラーにかけてペースト状にしたものもプラリネと呼びます。

〈ジャンドゥーヤ〉

　ローストしたヘーゼルナッツまたはアーモンド（またはその両方）に砂糖を加えてすりつぶしてペースト状にし、さらにチョコレートを加えてローラーにかけたものを指します。ヘーゼルナッツにアーモンドなど他のナッツを加える場合もあります。イタリアが本場で、これを固形状にしたチョコレートが出回っています。

〈マジパン〉

　ローストせずに蒸した皮むきアーモンドと砂糖を1：2や2：1などの割合でいっしょに挽き、ペースト状にしたもので、食べごたえのあるねっとりとした食感が人気です。用途に合わせてアーモンドと砂糖の比率を変えたさまざまなタイプのマジパンがあり、アーモンドを増やしたものはローマジパンと呼ばれます。

〈キャラメル〉

　砂糖や水あめを煮詰めたり焦がしたり、またはそれに生クリームやバターを加えて煮詰めたものです。ボンボンショコラのセンターとしては、少し水分のあるやわらかいものが使われることが多く、最近では塩を加えた塩キャラメルも人気があります。

〈ヌガー〉

　砂糖と水、はちみつなどを低温で煮詰めたシロップに、ナッツやドライフルーツ、果物の砂糖漬けなどを加えて固形にした砂糖菓子です。空気を含まない茶色いヌガーと、卵白やゼラチンを入れ空気を含ませた白いヌガーがあります。

〈フォンダン〉

　「フォンダン」とは「やわらかい」「とろける」などの意味を持つフランス語です。砂糖と水、水あめなどを煮詰めたシロップを、冷ましてから練り合わせて砂糖の微細結晶を生成させ、白いペースト状にしたものです。果物やリキュールのボンボンショコラを作るときにセンターに用います。ボンボンショコ

ラのセンターのほか、糖衣としても使われます。

〈パート・ド・フリュイ〉

フランス語で果物のピューレや果汁に砂糖を加えて煮詰め、ペクチンで固めた、フルーツゼリーを指します。ボンボンショコラのセンターに使う場合は、薄く切って他の素材と層にしたり、2枚以上を重ねたりすることも。

◆ その他のボンボンショコラ

「ひと口サイズのチョコレートの総称」であるボンボンショコラには、次のようなものもあります。

〈トリュフ〉

ボンボンショコラのうち、球形をしているものをこう呼びます。ボンボンショコラの代表的な種類の1つです。世界の三大珍味であるキノコのトリュフに色と形が似ていることが名前の由来となっています。

〈アマンド・ショコラ〉

ローストしたアーモンドをチョコレートでコーティングしたものです。アーモンドをまずはカラメルで、さらにチョコレートでコーティングして、ココアパウダーをまぶして仕上げます。アーモンドの歯触りとチョコレートとの相性のよさがシンプルにたのしめる菓子です。

〈オランジェット〉

オレンジの皮を細長く切って砂糖漬けにしたものをチョコレートでコーティングしたのがオランジェットです。オレンジを輪切りにしたタイプもあります。最近ではグレープフルーツやレモン、その他の柑橘類を使ったものも見かけることが増えてきました。

〈マンディアン〉

一般的にはコイン形をしていて、いろいろなナッツやドライフルーツをのせたチョコレートです。元来トッピングは、アーモンド、ヘーゼルナッツ、干しイチ

ジク、レーズンの4種類。これは、4つの托鉢修道会（ドミニコ、カルメル、フランシスコ、聖アウグスチノ）の修道士の服の色にちなんでいるといわれています。

◆ 副素材のバリエーション

　ボンボンショコラにはもともと、アーモンド、ヘーゼルナッツ、クルミなどのナッツ類や、オレンジやフランボワーズなどの果物、リキュールやエッセンスなどが副素材として使われていました。それらの定番素材に加えて、近年はハーブやスパイスも仲間入りし、柚子や抹茶、山椒などを合わせることもあり、海外ではそのような和素材の人気が高まっています。

　また、カカオ豆そのものともいえるフェーブ・ド・カカオやカカオニブが副素材として使われることも増えました。フェーブ・ド・カカオは、ローストした丸のままのカカオ豆で、カカオニブはカカオ豆を外皮や胚芽を取り除き、ローストして粗く砕いたものです。どちらも強い苦味やカリカリとした歯触りが魅力です。

チョコレートとスパイスは相性抜群!

　古代、チョコレートはトウガラシなどを混ぜた飲み物だっただけに、スパイスとの相性は抜群です。シナモン、ナツメグ、カルダモン、クローブのほか、コショウは黒、白、ピンクなど。香りづけ、風味づけ、コクづけに、ときには丸ごと飾りとしてのせるなど、さまざまに用いられています。

　商品が多様化している現在は、作り手が複数のスパイスをブレンドしたり、ドライフルーツや砂糖菓子を合わせたりするなど、スパイスはチョコレートの世界を表現するために欠かせない素材の1つとして活躍しています。

チョコレート作りに役立つ道具 ②

CHOCOLATE
column

大理石の作業台、トライアングル

　大理石の作業台は、マーブル台とも呼ばれ、チョコレートを広げ、混ぜる作業を行い、テンパリングするための台として使われます。熱伝導率が低く表面が冷たいため、熱いチョコレート生地を流してもその影響を受けづらく、テンパリングには最適とされています。

大理石の作業台

Chapter 3

さまざまなチョコレート

　マーブル台でテンパリングするときには、クーベルチュール（106ジ参照）をのばすトライアングルも必要です。三角形をした（四角いものもあります）金属製のパレットのことで、テンパリングはトライアングルやパレットを使って、寄せたりならしたりを繰り返す作業です。トライアングルはクーベルチュールを型に流すときにも使います。

トライアングル

型押しシート・転写シート

　手作りのボンボンショコラをひと味違う仕上がりにしたいなら、型押しシートや転写シートという道具があります。どちらもボンボンショコラの表面に模様をつけるためのもので、チョコレート

型押しシート

コーティングをした直後にシートに置いておくと、シートの模様が浮き彫りになったり、チョコレートに転写されたりします。シートから上手に外してひっくり返せば、さまざまな表情のボンボンショコラができあがるというわけです。

転写シート

3. 生チョコレート

チョコレートのなかで最もやわらかい生チョコレートは、口に入れるとすぐさまトロンととけて、幸せな気分にさせてくれます。このポピュラーなアイテムに規格が設けられているのは、じつは日本だけです。

◆ 生チョコレートはガナッシュそのもの

　生チョコレートは、冷やし固めることで固形化させたガナッシュを、多くは四角い立体に切り分けて食べるチョコレートです。

　ボンボンショコラのようにコーティングをするのではなく、ココアパウダーや粉糖をまぶして仕上げるため、ガナッシュそのものといえます。純粋に口どけをたのしむためのチョコレートで、フレッシュなために日持ちがせず、賞味期間は当日、もしくは数日間のものもあります。

　また副材料として、クリームや水あめ、リキュール、果物のピューレ、抹茶などを加えて作ります。

生チョコレート

抹茶の
生チョコレート

◆ 日本における生チョコレートの規格

　一般的な生チョコレートの定義は上に述べたとおりですが、日本では、生チョコレートと表示して販売をするための規格が定められています。生チョコレートに規格があるのは日本だけです。その規格を要約すれば、「チョコレートにクリームを練り込んだ水分の多いチョコレート。風味づけのために洋酒やキャラメル、果実ペーストなどの含水可食物も練り込み成形したガナッシュそのもの、あるいは主体としたもの」となります。

　もともと、チョコレートの販売をするには、一般消費者が商品を選ぶ際の目

安となるように表示事項に決まりがあり、チョコレートに関する規格は、全国チョコレート業公正取引協議会制定・消費者庁及び公正取引委員会に認定された「チョコレート類の表示に関する公正競争規約」によって規定されていて、生チョコレートにも規格が決められています。規約の内容は以下のとおりです。
※規約については124～130ず゙を参照。

- チョコレート生地にクリームを含む含水可食物を練り込んだもののうち、チョコレート生地が全重量の60パーセント以上、かつ、クリームが全重量の10パーセント以上のものであって、水分が全重量の10パーセント以上であること
- 上記に適合するチョコレートにココアパウダー、粉糖、抹茶等の粉体可食物をかけたもの、又はチョコレート生地で殻を作り、内部に前号に適合するチョコレートを入れたものであって、当該チョコレートが全重量の60パーセント以上、かつ、チョコレート生地の重量が全重量の40パーセント以上であること

CHOCOLATE column

ヨーロッパでの通り名は「石畳」

　生チョコレートはスイスで生まれました。スイスでは「パヴェ・グラッセ（冷たい石畳）」と呼ばれていて、まわりにまぶした粉糖が雪のように見え、凍てついた石畳を想像させることからその名がつきました。

　ヨーロッパでも親しまれている生チョコレートは、「パヴェ・ド・ジュネーブ」「パヴェ・ド・パリ」のように地名をつけて現地で売られていることもあります。ヨーロッパでの一般的な通称は「パヴェ・オ・ショコラ（石畳チョコレート）」ですが、日本では1990年代に流行し始め、「生チョコレート」や「生チョコ」の呼び名は、もとはそのころの通称でした。

　当時の日本では、チョコレートは常温で長期保存できるものと思われていましたが、生チョコレートが登場して、早めに食べないと品質が落ちるチョコレートもあることが知られるようになったのです。

4. クーベルチュール

「クーベルチュール」＝高級なチョコレートと思っている人も
いるかもしれませんが、クーベルチュールとは、一般的には
製菓用のチョコレートのこと。チョコレートやチョコレート菓子
にはなくてはならないクーベルチュールを詳しく解説します。

◆ クーベルチュールとは

　チョコレートやチョコレート菓子の材料になるクーベルチュールには、ダーク、
ミルク、ホワイトの3種類があります。日本語では「クーベルチュール」と発音し
ますが、フランス語では「クヴェールチュール（couverture）」。毛布や覆うものを
意味します。英語にすればカバーのことで、クーベルチュールは、カバーする
ためのチョコレート、という意味です。

　実際、クーベルチュールには薄くコーティングすることができるという性質が
あります。ココアバターの含有量が多く、チョコレートの粘性が低いためです。
そのため、ボンボンショコラをはじめとしたエンローバータイプのチョコレートの
コーティングには、クーベルチュールが適しています。それ以外にも、ケーキに
繊細なコーティングを施したり、デザートの華やかな飾りつけをしたりする場合
など、チョコレートを使うさまざまな場面で使われています。

◆ 形は板状、コイン形、ダイス形など

　かつては大きな板状のものが主流でしたが、現在では小さなコイン形やダ
イス形などもあります。大きなブロックは削る必要があり、手間がかかりますが、
小さなものはそのままで使うことができるので、大量に使う場合に便利です。
大きさは、1kg、2kg、5kgが一般的で、小売りサイズの製品もあります。

　クーベルチュールは、通常は品種や産地が違うカカオ豆をブレンドして作ら
れます。ブレンドすることで味わいに複雑さや奥深さが生まれ、ブレンドの違
いは味わいの違いに直結し、メーカーや製品の個性につながります。

　一方で、産地が単一の（国名や地域名がつけられた）カカオで作られたクーベル
チュールは、「シングルビーン」と呼ばれ、最近は人気があります。ほかにも、キャ

ラメルやコーヒー、オレンジなどの風味がついたフレーバータイプやオーガニック製品などもあり、バリエーションが豊富です。

一般的な
クーベルチュール

コイン形の
クーベルチュール

◆ クーベルチュールの規格と成分

　国際規格（CODEX）では、クーベルチュールは、ココアバター31％以上、非脂肪カカオ分（固形分）2.5％以上で、その合計である総カカオ分が35％以上になるものを指します。この条件をクリアしていないものはクーベルチュールと呼ぶことはできません。ただ、この規格は、日本国内で販売されている製品には当てはまらないこともあります。日本ではクーベルチュールという名称についての規格はなく、全国チョコレート業公正取引協議会によって制定された日本のチョコレートおよび準チョコレートの成分規格「チョコレート生地の定義（124㌻参照）」が設けられているだけです。そのほか、製菓材料としてよく用いられるものとして、「チョコレート利用食品の表示に関する公正競争規約」において、チョコレートスプレッド、チョコレートコーチング等が定義により基準化されています。

　クーベルチュールにおけるカカオ分の割合は、ココアバターと固形分以外に、追油したココアバターを合計したものになります。追油とは、もとからカカオ豆に含まれているココアバター以外に、後から加える7〜14％ほどのココアバターのことで、なめらかさを増し、チョコレートの流動性を高めるために加えられます。

　クーベルチュールには、カカオ分35％くらいから100％近いものまでさまざまなタイプがありますが、カカオ分は「カカオ固形分＋ココアバター」なので、同じカカオ分でも製品によって苦味の強さが異なることがあります。そのため、ショコラティエは自分の作るお菓子や作り出したい味わいに合わせて製品を選んでいます。また、日本では、クーベルチュールは高価だから高級チョコレートだ、と考えている人もいますが、そういうわけではありません。カカオ豆の原価が

高いため、カカオ分を多く含んでいればいるほど価格も高くなる、というわけです。

◆ クーベルチュールの種類

クーベルチュールには、ダーク、ミルク、ホワイトの3種類があります。以下、それぞれの特徴を見ていきましょう。

〈ダーククーベルチュール〉

ダーククーベルチュールは、スイート、ビターと呼ばれることもあります。カカオ分以外はほとんどが砂糖なので、全体からカカオ分を引いた数値がそのまま甘さにつながります。たとえばカカオ分55％のものは砂糖が約44％、カカオ分70％のものは砂糖が約29％になり、カカオマスが多いほど砂糖の量が減るため、苦味が強くなります。なお、多くはレシチンや香料などが1％未満入るため、カカオ分と砂糖の合計は100％になりません。これはミルククーベルチュールとホワイトクーベルチュールも同じです。また、砂糖よりカカオのほうが原価が高いため、カカオ分が多いものほど価格も高くなります。作業としては、カカオ分55～60％のクーベルチュールが扱いやすく、カカオ分が70％以上と高くなると、固まる力も強くなって作業は難しく感じるでしょう。

最近はカカオ分の高いチョコレートも出回っていてチョコレートが好きな人々には人気がありますが、カカオ分が高くなれば苦味が強いと感じる人も多くなり、一般向けの菓子には向かないこともあります。

〈ミルククーベルチュール〉

ミルククーベルチュールは乳製品を加えたチョコレートで、使用する乳成分は牛乳から水分を取り除いた全粉乳と脱脂粉乳などになります。粉乳を加えると全体の粘度が上がるため、追油分のココアバターを増やして流動性を高めます。

粉乳を加える分、ダーククーベルチュールよりも砂糖の量が少ない場合もありますが、チョコレートの苦味と褐色の色味を生み出すカカオの固形分も少なくなるため、色味も風味もやさしくなり、乳製品特有のコクも出ます。ミルククーベルチュールの味や質は、カカオ豆やブレンド以外に、粉乳の質によっても左

右されます。また、カカオ分と粉乳の組み合わせが複雑な分、メーカーによって味の違いがダーク以上に出やすいのも特徴です。

　なお、乳製品に含まれるカゼインは50℃になると凝集しやすくなるので、作業ではその点に注意しなくてはなりません。

〈ホワイトクーベルチュール〉

　ホワイトクーベルチュールは31％以上のココアバターを含んでいることが多いですが、チョコレートの色味を生み出すカカオの非脂肪カカオ分（カカオ原料のうち脂肪分以外の部分）が入っていないため、色は白〜黄色です。カカオの非脂肪カカオ分が入っていないことから、多くはカカオ分が35％に満たず、規格外となるので、正式にはクーベルチュールと呼ぶことはできません。輸入する際にもチョコレート類としては取り扱われていませんが、作業の現場では習慣的にダークやミルクと並んでクーベルチュールとして扱われ、チョコレート菓子の原材料として多用されています。ミルククーベルチュールと同様、乳製品を含むため、50℃以上にならないよう注意が必要です。

ダーククーベルチュールの成分割合の例（カカオ分55％の場合※）
- カカオ豆（カカオマス）（ココアバター①…26.4％　固形分②…21.6％）
- 追油分のココアバター③…7％　●砂糖…44％　●レシチン・香料…1％未満

①＋②＝カカオマス48％　①＋②＋③＝総カカオ分55％

ミルククーベルチュールの成分割合の例（カカオ分35％の場合※）
- カカオ豆（カカオマス）（ココアバター①…6％　固形分②…5％）●追油分のココアバター③…24％
- 粉乳（全粉乳＋脱脂粉乳）…24％　●砂糖…40％　●レシチン・香料…1％未満

①＋②＝カカオマス11％　①＋②＋③＝総カカオ分35％

ホワイトクーベルチュールの成分割合の例
- カカオ豆　ココアバター…31％　●粉乳（全粉乳＋脱脂粉乳）…28％
- 砂糖…40％　●レシチン・香料…1％未満

※厳密には水分を除いた値。　　　　　　　　（引用：土屋公二『ショコラティエのショコラ』NHK出版）

◆ 主なクーベルチュールメーカーおよびブランド

　クーベルチュールを製造しているのは、ヨーロッパの企業が多いですが、日本でも製造しているメーカーがあります。大手メーカーおよびブランドのそれぞれの歴史やコンセプトを中心に紹介します。

カカオバリー（フランス）

　1842年にフランスで設立されたチョコレートメーカーのカカオバリー。1996年にカレボーと合併して社名がバリーカレボーとなり、スイスに本拠地を移しました。カカオバリーはフランスのブランドとして、今なお、チョコレート、コーティング、フィリング、その他のカカオ製品など多様な製品で世界中の信頼を勝ち得ています。

ヴァローナ（フランス）

　1922年にローヌで創業して以来、世界トップクラスのパティシエやショコラティエからの信頼が厚いことでも知られています。製品開発にも熱心で、個性的な製品や小売用製品も多数販売。パリ、東京を含む世界の4カ所でプロ育成のためのショコラ専門技術校も設立しています。

ヴェイス（フランス）

　産地の異なるカカオ豆をブレンドして狙った風味を作り出す、いわばチョコレートのオートクチュールの技術を編み出しました。1882年の設立当時からカカオ豆の選別、ブレンド、ロースト、粉砕などの工程を自社で行っています。プラリネ製品にも強みを持ち、常に革新的事業にチャレンジしています。

ベルコラーデ（ベルギー）

　製菓・製パン材料メーカー、ピュラトス社のチョコレートブランドとして1988年にスタート。現在ではベルギー製チョコレートのトップブランドの1つとなっています。独自のサステナビリティ・プログラム「カカオ・トレース」を通じてカカオ生産者支援とチョコレートの風味向上・品質の安定を図っています。伝統的な手法を用いて製造する一方で、開発にも力を入れており、日本向けの商品もあります。2023年10月にベルギー・フランダース地方のエレンボデゲンの現

工場に隣接してカーボンニュートラルの新工場を設立しました。

カレボー（ベルギー）

　世界で初めてクーベルチュールを作ったとされるのがカレボーです。1850年にベルギーで創業して1911年にチョコレート事業を開始、数多くの商品ラインナップを取り揃える世界最大級のチョコレートメーカーに成長しました。現在はカカオバリーと合併し、バリーカレボー（本拠地スイス）のブランドの1つとして、カレボーの伝統をベルギーの都市ウィーゼにて守り続けています。

大東カカオ（日本）

　1924（大正13）年、チョコレートの製造販売店として開業しました。戦後のカカオ豆輸入再開時には、大東カカオの前身である大東製薬工業の工場は戦禍を免れ、明治・森永が復旧するまでチョコレートの原料加工を一手に引き受けた歴史あるメーカーです。洋菓子用のチョコレート製造は1964（昭和39）年からで、現在はチョコレート原料の製造にこだわり、カカオ豆の加工からチョコレート製造まで一貫生産を行っています。

不二製油（日本）

　1950（昭和25）年創業の不二製油グループはチョコレート用油脂の分野で世界トップ3の一角を担い、業務用チョコレートのシェア世界3位、クーベルチュールも手がける大手食品素材メーカーです。世界各地のカカオ豆を厳選し、独自のロースト・ブレンド技術を用いて風味の高い製品を開発。カカオ豆生産のサステナビリティ支援プログラム「サステナブル・オリジン」を導入し、賛同する取引先に独自の基準を満たしたカカオ豆にプレミアムをつけて購入してもらうことで、生産農家の課題を改善する活動を支援しています。

明治（日本）

　1926（大正15）年に「明治ミルクチョコレート」を発売。その後、1981（昭和56）年に業務用チョコレート原料の発売を開始。日本市場に適したチョコレート風味を追求し、ダーク、ミルク、ホワイト、カラーチョコレートなどの幅広いラインナップを展開しています。近年は、カカオ産地にて農家支援活動や品質向上に向けた取り組みを積極的に行い、カカオ豆原料にこだわった香り豊かなクーベルチュールも販売しています。

5.代表的なショコラスイーツ

さまざまに形を変えたショコラスイーツもまた、チョコレート好きにとって興味深いところでしょう。チョコレート味の伝統的な菓子や、歴史の経過とともにチョコレート味が定番になった菓子などを紹介します。

◆ ケーキ・生菓子

オペラ

ビターチョコレートとコーヒー、2種類の香り高い風味がマッチした、とてもリッチな味わいのチョコレートケーキです。

全体がほぼ1色で飾りもほとんどないため見た目に派手さはありませんが、重厚で完成度の高い、ケーキとしてのショコラスイーツを代表する一品といえます。

ビスキュイ・ジョコンドというアーモンドパウダー入りのスポンジ生地に、コーヒー風味のシロップを浸み込ませて幾段にも重ね、その間にコーヒー風味のバタークリームとチョコレートガナッシュを塗りつけて構成されています。表面をチョコレートのグラサージュで覆って金箔を施せば、オペラの完成です。

パリの高級老舗パティスリーであるダロワイヨの代表的な菓子としても知られています。1955年にダロワイヨが作り始めたというのが定説となっていますが、それより先に、ダロワイヨに非常に近しい立場にあったパティスリーで、この菓子の原形となるものが作られていたという説も残っています。当時のダロワイヨのオーナーが、彼の義理の兄弟マルセル・ビュガの店の看板商品であった「クリシー」という菓子を気に入り、自身の店でも出すようになったといわれています。その際、ケーキの名を「オペラ」と名づけ、金箔をのせてオペラ座にそびえたつ金のアポロン像を表現しました。ダロワイ

ヨの伝統的なスタイルのオペラは、層を多く重ねながらも薄く仕上げられているのが特徴で、パリでは高さ2.5cmほどに、日本では2cmほどに作られています。

チョコレートタルト

　フランス語ではタルト・オ・ショコラといいます。タルトはもともと、パイ生地かサブレ生地などの焼菓子で作られたタルト台に、さまざまなクリームやフルーツなどを詰めたり、のせたりして作られる菓子ですが、チョコレートタルトにはガナッシュがたっぷりと流し込まれています。サクサクとした軽快な歯触りのタルト生地と、とろりと舌にからみつくような濃厚なチョコレートとのコントラストが魅力で、シンプルながらどっしりとした存在感があります。タルトの底にスポンジなどのやわらかい生地を1枚敷いたり、グラサージュをかけて光沢をつけたりと、独自のアレンジが加えられていることも。高級なパティスリーでは、オペラのように金箔が飾られているものも見かけます。

　酸味がきいた、やはり濃厚な味わいのレモンタルト（フランス語ではタルト・オ・シトロン）とともに、フランスでは最もポピュラーなタルトの1つであり、パティスリーのショーケースには必ず並び、スーパーでも箱菓子として売られているほどです。なお、小型のタルトはタルトレットといいます。

エクレア

　シュー生地の菓子として、代表格の1つとされるのがエクレアです。エクレアの名前はフランス語の「エクレール」に由来し、「稲妻」を意味しています。電光石火のごときスピードで食べ切らないと、中に詰められたクリームが生地からこぼれてしまう、というわけです（諸説あります）。昔の日本では、マナーの本に「女性はエクレアのようなお菓子を食べるべからず。はしたないこと

なのでやめましょう」と書かれていた、というエピソードもあります。

　細長く焼いたシュー生地にチョコレートまたはコーヒー風味のカスタードクリームを入れ、表面にはクリームと同じ風味のフォンダンという砂糖がけをしてあるのが伝統的なスタイルです。最近では、よりチョコレートの風味を強く打ち出すために、フォンダンの代わりにチョコレートそのものを上がけにしたり、ガナッシュやそれに近いビターなクリームを詰めたエクレアも見られます。

　また近年、フランスにおけるエクレアの進化ぶりは目覚ましく、フルーツやナッツ風味などのクリームが詰まっていたり、それに合わせて表面にドライフルーツや砕いたナッツがかかっていたり、フォンダンの代わりにシュー生地の表面にクッキー生地をのせて焼き、ザクザクとした食感を加えたものなど、一気にバリエーションが増えました。2004年、パリのフォションでは緻密かつ色彩豊かな絵の描かれた薄い板チョコレートをのせた、まるでアートのようなエクレアを販売し、評判を呼びました。

　時代の移り変わりはエクレアの大きさや形にも影響を及ぼして、パティスリーなどでは、これまでの食べごたえのある大きさのものよりも細身でスタイリッシュな形が目立つようになってきています。

ザッハ・トルテ

　チョコレート風味のスポンジ生地が厚手のチョコレート・フォンダンに包まれ、間に塗られたアプリコットジャムがさわやかなアクセントになっています。ウィーンの菓子職人フランツ・ザッハにより考案されたこの気品ある菓子はウィーン中の評判となり、政治家のお抱え料理人の見習いだったザッハは下級料理人から大変な出世をしたといいます。今では世界中でファンの多い菓子となっています。本場では砂糖の入っていないホイップクリームをたっぷりと添えて食べることが多く、どっしりとしたチョコレートの風味がありながら甘味も強いザッハ・トルテのおいしさを引き立てます。

　フランツの息子エドワードが始めたホテル・ザッハにあるカフェの看板商品となったザッハ・トルテは、今も初代と変わらぬレシピで作られています。

さて、ザッハ・トルテといえば、本家ホテル・ザッハと、オーストリアの有名パティスリー、デメルとの攻防も有名な話。7年に及ぶ長い論争の末にデメルはホテル・ザッハとのライセンス契約によりザッハ・トルテを作るようになりましたが、のちにホテル・ザッハ側が契約の無効を主張し、裁判へと発展。結果的には、ホテル・ザッハは「オリジナル・ザッハ・トルテ」を名乗ることを認められたものの、デメルから販売権を奪うことはできませんでした。ザッハ・トルテにはチョコレートのエンブレムがついていて、ホテル・ザッハ版は円形、デメル版は三角形のエンブレムになっています。

フォレ・ノワール

　ドイツ、オーストリア、フランス・アルザス地方で広く作られているケーキで、ドイツでは「シュヴァルツヴェルダー・キルシュトルテ」と呼ばれています。シュヴァルツヴァルトとはドイツ南西部の森林地帯にある地方の名前。暗い樹海のような針葉樹林が延々と続く地域で、そんな森の様子をイメージして作られました。「フォレ・ノワール」はフランス語で黒い森という意味です。

　チョコレート風味のスポンジ生地とキルシュ漬けの甘酸っぱいサクランボを散らしたホイップクリームの層を重ね、さらに全体をホイップクリームで覆うのが一般的。森に積もる雪を表現して削ったチョコレートと、キルシュ漬けのサクランボを上に飾りつけます。本来の名前にキルシュとあるとおり、キルシュの風味が香り高くきいているところが大人の味わいです。

　シュヴァルツヴァルトではサクランボが特産品で、それを漬けるために使うキルシュもまたサクランボから作られたブランデーです。フランスでは、南ドイツと隣り合わせのアルザス地方にこの菓子と製法が伝わって、フォレ・ノワールの名で広まりました。

ガトー・ショコラ

　ガトー・ショコラはフランス語でチョコレートのケーキという意味なので、チョコレートケーキ全般を指すことになります。ただし一般的には、ガトー・ショコラといえば「ガトー・クラシック・オ・ショコラ」のことを指します。

　バター、卵、とかしたチョコレートを中心に、小麦粉、生クリーム、ココアパウダーなどが入り、卵白は泡立ててから加えるのが特徴です。オーブンで焼けばできあがる素朴でシンプルなチョコレートケーキで、丸い型で焼いて粉糖を振りかけ、切り分けてホイップクリームを添えることもあります。

　パティスリーやカフェ、パン屋から高級レストランに至るまで、さまざまな場所で見かけるとても身近なお菓子です。フランスではそれぞれの家庭に独自のレシピがあり、家庭の手作りおやつの定番です。

フォンダン・ショコラ

　「やわらかいチョコレート菓子」という意味のフォンダン・ショコラ。生地の材料を混ぜ合わせて焼くだけの簡単な菓子ですが、しっかりと焼ききらずに作るため、中がとろっとしたクリーム状になっていて、そこがこの菓子の最大の魅力です。固形の場合もありますが、器に流し込んで焼いたものを熱いうちにスプーンですくって食べるのがポピュラーな食べ方です。

　同じく「やわらかい」という意味を持つモワルー・ショコラと呼ばれる菓子もあり、こちらのほうが生地がやわらかく、温めてナイフを入れるとチョコレートソースがとろりと流れ出すものが人気です。両者を分ける定義や決まりはなく、フランスでも日本でも境界線ははっきりしていません。

マ カ ロ ン

イタリアで生まれ、フランスで完成された歴
史の古い菓子で、2枚の丸い生地でクリーム
を挟んだ、丸みのあるかわいらしい見た目が
人気です。固く泡立てたメレンゲにアーモンド
パウダーと砂糖を混ぜ合わせて作った生地

が、表面はカリッ、中はネチッとしているのも特徴です。

ショコラトリーではチョコレート風味の生地に、コーヒーや紅茶、フルーツ
などいろいろな風味のガナッシュを挟んだマカロン・ショコラが定番アイテム
になっています。

◆ 焼き菓子

ブ ラ ウ ニ ー

アメリカの伝統的な菓子で、ブラウニーとい
うのは茶色っぽいものという意味です。ブラウ
ニーという名前の妖精から名づけられた、とい
う説もあります。

家庭のおやつとしてよく食べられるカジュア
ルなこの菓子は、家庭の数だけレシピがあるといわれるほど多くの人に愛
されています。チョコレートを使ったケーキ生地にクルミなどのナッツを加え
て焼き上げ、食べたい大きさに四角くカットすればできあがり。作り方に細
かい決まりはないようです。

6.その他のショコラスイーツ

「5.代表的なショコラスイーツ」では歴史や逸話に彩られた華やかなパティスリースイーツを取り上げました。次に紹介するのは、生活に身近で家庭的な菓子。親しみのあるシンプルな菓子もバラエティーに富んでいます。

ムース・オ・ショコラ

　チョコレートムースをフランス語でムース・オ・ショコラといいます。手作りおやつとして家庭でもよく見る伝統的なデザートで、カフェやビストロ、ブラッスリーまで、幅広く愛されています。

　ムースとは泡の意味。泡立てた生クリームやメレンゲとチョコレートを混ぜて作り、空気をはらんだ口どけのよさとなめらかさが特徴です。もともとは乳脂肪分が高くて食べごたえのある菓子でした。最近ではより泡に近いライトな食べごたえへと変化してきています。

チョコレートフォンデュ

　卓上の小鍋や器にチョコレートと牛乳や生クリームを入れて熱し、ひと口大のフルーツやマシュマロなどにからめて食べる温かいデザートです。フォンデュはとけるという意味のフランス語を語源とした言葉で、同じスタイルのスイス料理、チーズフォンデュからきているとされています。

　数年ほど前からよく見られるようになり、最近ではパーティー会場で、とかしたチョコレートを噴水のように流すチョコレートファウンテンもしばしば登場します。

パン・オ・ショコラ

　パン・オ・ショコラは「チョコレートのパン」
という意味ですが、一般的にはバターを何層
にも折り込んで作るクロワッサン生地に棒状の
チョコレートを包んで焼いたものを指します。
　クロワッサン生地はハラハラと崩れる生地
で、サクサクした食感が魅力です。フランスのパン屋さんには必ず置いてあ
り、朝食やおやつとして最も好まれているヴィエノワズリー（菓子パン類）の1種
です。

プロフィットロール

　ブラッスリーやビストロなど気軽に入れるレス
トランの定番デザート。小さなシュークリームを
何個も皿にのせてチョコレートソースをかけて
食べます。アイスクリームが添えられていたり、
ホイップクリームが飾りつけられていたり、また、
クリームの代わりにアイスクリームが入ったシューを使うこともあります。お祝
いの席では人数分を積み上げた形で出てくることが多く、とても華やかでイ
ベントを盛り上げます。

チョコレートペースト

　チョコレートにナッツを加えてペースト状にし
たもので、ヘーゼルナッツを加えたイタリアの
ヌテラが人気です。フランスではバゲットにバ
ターとともに塗って食べることが多く、ショコラ
トリーではビターな大人向けのものも売ってい
ます。

7. その他の飲料、菓子類

これまで見てきたチョコレートやチョコレートを使ったスイーツ類のほか、飲料やその他の菓子にもチョコレートやココアパウダーが使われています。では、どのように使われているかを見てみましょう。

◆ チョコレート味の飲料や菓子

チョコレートでコーティングしたり、チョコレートを練り込んだりしたアイスクリームや菓子類も人気があります。代表的なものをあげてみました。

❶ 飲料
- ココア　・ミルクココア
- チョコレートドリンク　など

❷ 菓子
- アイスクリーム（全体に練り込んだもの、チョコレートチップなどを混ぜ込んだもの、チョコレートコーティングしたもの）
- ケーキ（全体に練り込んだもの、チョコレートチップなどを混ぜ込んだもの、チョコレートコーティングしたもの）
- 和菓子（まんじゅう、ようかんなど）
- 菓子パン（練り込んだり、混ぜ込んだりしたもの、センターに入れたもの、チョコレートコーティングしたもの）
- ドーナツ　など

❸ その他の一般菓子
- キャラメル　・キャンディー　・ビスケット　・クッキー　など

◆ チョコレートやココアパウダーの使われ方

チョコレート味の飲料や菓子には、チョコレートだけではなく油分の少ないココアパウダーが使われることも少なくありません。次の3つのケースからチョコレートやココアパウダーの使われ方を見てみましょう。

❶ ココアパウダーをチョコレートの調味材としてそのまま使用する場合

　　飲料やアイスクリーム、パン、洋菓子などに直接練り込み、チョコレートの風味をより強めるために使用されます。

❷ ココアと、ココアバター以外の植物油脂を混合し、
**　コーティングチョコレートまたはセンタークリームに使用する場合**

　　通常チョコレートはココアバターを主成分としているため、常温では固形状になり、そのままアイスクリームや洋菓子のコーティング材やセンタークリームとして使うには固すぎます。また、コーティングする際には、テンパリングを行わなければならないという煩わしさもあります。そこでココアパウダーを融点の低い植物油脂（ヤシ油、パーム油など）と混合して、センタークリームに適した味、食感にして使います。テンパリングが不要になることで幅広く使えるコーティング材にもなるため、パン、洋菓子など、広範囲にわたって使用されます。

❸ チョコレートでアイスクリームをコーティングする場合

　　アイスクリーム用のコーティングチョコレートは、ココアパウダー、ココアバター、カカオマスなどのカカオ原料と、植物油脂、乳成分、添加物などを混ぜ合わせる場合もあります。植物油脂を混ぜ合わせると、よりなめらかになり、薄くコーティングができるようになります。

チョコレートとコーヒーは蜜月の仲

　　チョコレートとコーヒーはどちらもローストした豆が原料ということもあり相性抜群。甘いカフェモカはアメリカ発祥。イタリア・トリノではホットチョコレートとエスプレッソを合わせたドリンクが「ビチェリン」という名で広く飲まれています。日本でも、トリノからきた老舗カフェのビチェリン（トリノの「カフェ・アル・ビチェリン」はビチェリン発祥の店）や、コーヒーショップチェーン店のセガフレード・ザネッティの「メッツォメッツォ（半分半分の意）」など、イタリア発のカフェでたのしむことができます。

8.保存方法と注意点

チョコレートはとても繊細な食べ物です。しばらく置いておいたら表面が白くなっていた、ということは誰しも経験しているのではないでしょうか。いちばんおいしい状態で味わうべく、適切な保存方法を知っておきましょう。

◆ ブルーム現象とは

チョコレートは湿度や温度の変化を嫌います。注意を怠ると、チョコレートの表面に白い粉のようなものがふいたり、斑点状のものができたりすること

● ブルーム現象

右へ行くほどブルーム現象が進んでいる。こうなると口どけも悪く、ボソボソとした食感に。

があり、風味が損なわれて口どけが悪くなってしまいます。
「**ブルーム**」または「**ブルーミング**」と呼ばれるこの現象は、チョコレートの成分であるココアバターと砂糖が大きく関係しています。この現象には、油分であるココアバターが原因の「**ファットブルーム**」と、砂糖が原因となる「**シュガーブルーム**」の2つがあります。

ファットブルーム

チョコレートに含まれているココアバターは、25℃くらいでとけ始めます。とけた後、そのまま冷やされると、ココアバターの結晶が粗大化し、チョコレートの表面が白く見えます。これを「ファットブルーム」といいます。
保存する環境の温度が適切ではない場合や、製作過程でのテンパリングが不十分な場合におこりやすい現象です。長期保存や素材との組み合わせによってもおこります。

シュガーブルーム

チョコレートを冷蔵庫から出して暖かい場所に移すと、チョコレートの表面が結露します。このときに、チョコレートに含まれる砂糖が水分へとけ出し、さ

らに水分が蒸発すると、砂糖がチョコレートの表面で結晶化します。これを「シュガーブルーム」といいます。

◆ 購入時・開封後に気をつけるポイント

チョコレートを購入する際や開封後に気をつけるポイントを覚えておきましょう。

- 直射日光が当たる場所に置いてあったり、長期間にわたって温度管理がされていないところで置きっぱなしになっていたりするものは購入を避ける。
- 買い置きをせず、食べ切れる分を購入する。
- チョコレートはまわりのにおいや湿気を吸収しやすいため、開封したら早めに食べる。
- 生チョコレートやボンボンショコラなどの水分を含むチョコレートは、賞味期間が短いので早めに食べる。

◆ 保存にあたっての注意点

チョコレートを家庭で保存する場合は、次のようなことに注意しましょう。

- 各商品の推奨保存温度を確認して保存することが大切。板チョコレートの保存温度は、15〜18℃が理想的。
- 直射日光にさらしたり、高温になったりする場所に置いたりしない。
- 一度やわらかくなってしまったチョコレートは急激に冷やさないことも大切。
- 家庭の冷蔵庫で保存する場合には、チョコレートをラップやアルミ箔などで包んだ上から包み紙（インクのにおいのしないもの）やクッキングペーパーで包み、ジッパー付きのポリ袋に入れ、においの吸着や乾燥と結露を防ぐ。

チョコレートの表示規約を知っておこう

チョコレートの規格基準を定めた「チョコレート類の表示に関する公正競争規約」（以下、規約）が、業界の自主ルールとして1971（昭和46）年に規定され、その後、市場や業界の変化に応じて何度も改正が行われ、現在に至っています。規約には、チョコレート生地、チョコレート製品の「定義」「必要な表示事項」「禁止されている不当な表示」などが定められています。ここでは、規約のポイントを紹介します。

◆ チョコレート生地の定義

「チョコレート」と「準チョコレート」（右ダ参照）は、生地で使用するカカオやカカオに含まれるココアバター、水といった原材料の比率によって分類されます。チョコレート生地とは製造前のドロドロにとけたチョコレートや、原料として固まっている状態のことをいいます。

規約では、「チョコレート生地」を3種類に分けて定義しています。**「チョコレート生地」というためには、ココアバターが18％以上、水分が3％以下で、カカオ分、もしくはカカオ分と乳固形分の合計が35％以上であることを原則として、下記の表のような定義があります。**

一方、「準チョコレート生地」は、「基本タイプ」と「準ミルクチョコレート生地」の2種類に定義されています。いずれも、「チョコレート生地」よりもカカオ分の比率が低く設定されているため、カカオの風味は乏しくなります。

● チョコレート生地の定義

（引用：全国チョコレート業公正取引協議会HP）

成分 ＼ 区分	チョコレート生地			準チョコレート生地	
	基本タイプ	カカオ分の代わりに乳製品を使用したタイプ	ミルクチョコレート生地	基本タイプ	準ミルクチョコレート生地
カカオ分※1	35％以上	21％以上	21％以上	15％以上	7％以上
（うちココアバター）	（18％以上）	（18％以上）	（18％以上）	（3％以上）	（3％以上）
脂肪分※2	―	―	―	18％以上	18％以上
乳固形分	任意	カカオ分とあわせて35％以上	14％以上	任意	12.5％以上
（うち乳脂肪）	任意	（3％以上）	（3％以上）	任意	（2％以上）
水分	3％以下	3％以下	3％以下	3％以下	3％以下

※1　カカオ分とは、カカオニブ、カカオマス、ココアバター、ココアケーキおよびココアパウダーの水分を除いた合計量をいう。
※2　脂肪分には、ココアバターと乳脂肪を含む。

◆ チョコレート類の定義

　規約ではチョコレート類について、消費者が商品を選択するための目安になる「種類別名称」を次にあげる9種類に分類しています。

❶チョコレート（チョコレート生地単独か、生地の比率が全体の60％以上の加工品）

❷準チョコレート（準チョコレート生地単独か、生地の比率が全体の60％以上の加工品）

❸チョコレート菓子（他の食材と組み合わせて作られる菓子でチョコレート生地が60％未満のチョコレート加工品）

❹準チョコレート菓子（他の食材と組み合わせて作られる菓子で準チョコレート生地が60％未満のチョコレート加工品）

❺カカオマス（カカオ豆をローストしてすりつぶしたもの）

❻ココアバター（カカオ豆中の油脂のこと。通常カカオ豆の中には約55％含まれている）

❼ココアケーキ（カカオマスからココアバターを一定量取り除いて固形のブロック状にしたもの）

❽ココアパウダー（＝ココア。ココアケーキを粉砕して粉末状にしたもので、水分7％以下のもの。洋菓子の原材料としても用いられる）

❾調整ココアパウダー（＝調整ココア。ココアパウダーに糖類、乳製品、麦芽、ナッツなどを加えて、手軽に飲みやすくしたもの）

これらを生地の使用量などにより分類したのが下の表です。

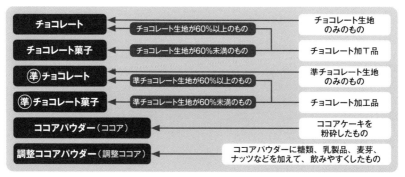

（引用：全国チョコレート業公正取引協議会HP）

チョコレート加工品について

　チョコレート加工品とは、チョコレート生地・準チョコレート生地と、ビスケット、ナッツなど食物を組み合わせたものをいいます。チョコレート加工品のなかでも、チョコレート生地・準チョコレート生地が全重量の60％以上の場合の種類別名称は「チョコレート」「準チョコレート」となります。

　チョコレート生地が60％未満の場合に「チョコレート菓子」と呼べるかどうかは、商品特性から細かく定められています。

①
チョコレート生地又は準チョコレート生地に可食物（たとえばナッツ類、フルーツ類、液状物等）を混合し又は練り込んだものであって、チョコレート生地又は準チョコレート生地の重量が全重量の40％以上のもの（たとえばパフチョコ）

②
チョコレート生地又は準チョコレート生地で殻を作り、内部に可食物（たとえばナッツ類、キャンデー類、液状物等）を入れたものであって、チョコレート生地又は準チョコレート生地の重量が全重量の40％以上のもの（たとえばシェルチョコ）

③
可食物（たとえばナッツ類、キャンデー類、ビスケット類、液状物等）をチョコレート生地又は準チョコレート生地で被覆したものであって、チョコレート生地又は準チョコレート生地の被覆した面積が、当該菓子の全表面積の70％以上、かつ、チョコレート生地又は準チョコレート生地の重量が全重量の20％以上のもの（たとえばナッツチョコ）

④
チョコレート生地又は準チョコレート生地を可食物（たとえばキャンデー類、糖類等）で被覆したものであって、チョコレート生地又は準チョコレート生地の重量が全重量の30％以上のもの（たとえば糖衣チョコ）

⑤
チョコレート生地又は準チョコレート生地と可食物を接合したものであって、チョコレート生地又は準チョコレート生地の重量が全重量の30％以上のもの（たとえばウェハースチョコ）

**チョコレート
加工品の
いろいろ**

（出典：全国チョコレート業公正取引協議会HP）

**①～⑤に当てはまらないものは、
種類別名称で「チョコレート菓子」
と表示することはできません。**

　さらにチョコレート利用食品というものがあります。

> **チョコレート利用食品**
>
> チョコレートスプレッドA／チョコレートスプレッドB／チョコレートシロップ／チョコレートフラワーペースト／チョコレートコーチング／チョコレートドリンク

◆ その他の重要な定義

「純チョコレート」「ミルクチョコレート」「準ミルクチョコレート」「生チョコレート」などと表示するためには、それぞれの基準を満たす必要があります。

①純チョコレート

純チョコレートはチョコレート生地自体またはチョコレート生地のみで作られたもので、通常のチョコレートの定義よりも、さらに原材料、原料配合を厳格化しています。

①カカオ成分はココアバターだけ、またはココアバターとカカオマスだけ。
②脂肪分はココアバターと乳脂肪だけ。
③糖類はショ糖※のみで、使用量は全重量の55％以下。
④乳化剤であるレシチンは、全重量の0.5％以下。
⑤レシチンとバニラ系香料以外の添加物は使わない。
※ショ糖とは砂糖のこと。

これらの厳密な基準をすべて満たしたチョコレートだけが「純チョコレート」や「ピュアチョコレート」と表示されます。

同様に「純ココア」「ピュアココア」は、ココアバターが全重量の22％以上、水分が7％以下のココアパウダーを使用し、バニラ系香料以外のものを含まないものと限定されています。

②ミルクチョコレートと準ミルクチョコレート

ミルクチョコレート生地を使用したチョコレートは「ミルクチョコレート」、準ミルクチョコレート生地を使用した準チョコレートは「準ミルクチョコレート」と商品名や商品説明で表示することができます。ただし、これらの商品の種類別名称は、前者は「ナョコレート」、後者は「準チョコレート」となります。

③生チョコレート

チョコレート生地が全重量の60％以上であって、クリームが全重量の10％以上、かつ水分（クリームに含有されるものを含む）が全重量の10％以上であるチョ

コレートは「生チョコレート」となります。これを全重量の60％以上使用しているチョコレート加工品については商品名などに「生チョコレート」と表示できます。この場合の種類別名称は、チョコレート生地を全重量の60％以上使用しているので「チョコレート」となります。

　また、生チョコレートを全重量の60％以上使用し、かつチョコレート生地の重量が全重量の40％以上60％未満であるチョコレート加工品についても同様に「生チョコレート」と表示できます。ただし、この場合の種類別名称は「チョコレート菓子」となります。

④ナッツ類、果物類などの表示

　チョコレートにナッツ類、果物類、野菜類、はちみつ、メープルシロップ、黒砂糖、コーヒー、その他の原材料を使用していることを商品名、絵、写真、説明文などで表示する場合、ナッツ、果物類は製品重量の生換算5％以上、はちみつ、メープルシロップ、黒砂糖は全重量の2％以上、コーヒーはコーヒー生豆に換算して全重量の1.5％以上含有することが基準になっています。

⑤「豊富」「たっぷり」などの表示

　規定している基準量の2倍以上の量（ナッツ、果物類に関しては全重量の10％以上）を使用していなければ、「豊富」「たっぷり」とは表示できません。

◆ 表示が義務づけられている事項

　チョコレート類は、消費者が商品選択時の目安となる事項を容器や包装に一括表示し、欄内に日本語かつ文字も8ポイント以上の大きさで明瞭に表示することを義務づけています。

明治「アグロフォレストリーチョコレート」の表示（パッケージ裏面）

● 必要な表示事項

① 種類別名称	種類別名称(種類別、名称又は品名とすることができる)のいずれかを表示する。
② 原材料名	原材料名は、原材料と食品添加物を区分して使用重量の多いものの順に表示する。
③ 内容量	内容量は基本、内容重量で表示し、一部のチョコレート類では、体積・数量等の単位も認められている。
④ 賞味期限	賞味期限は、一括表示が困難な場合は記載箇所を表示し、他の箇所に表示できる。
⑤ 保存方法	保存方法は、一括表示が困難な場合は記載箇所を表示し、賞味期限に近接して表示できる。
⑥ 原産国名	輸入品は、原産国名を表示する。
⑦ 食品関連事業者	食品関連事業者は、製造者、加工者、販売者、輸入者の文字の後に、表示責任者の氏名及び住所を表示する。また、製造所所在地及び製造者の氏名(製造者固有の記号の表示でも可)又は加工所所在地(輸入品にあっては、輸入業者の営業所所在地)を表示する。

※上記以外に、事故品を取り替える旨の表示、アレルギー物質を含む原材料の表示、栄養成分表示、原料原産地名、分別回収のための識別マークの表示が、チョコレートドリンクについては、飲用上の注意および希釈倍数の表示も必要。

◆ 禁止されている不当な表示

　規約では、一般消費者が品質・内容等を誤認することなく自主的かつ合理的な商品選択ができるように、下記のような不当な表示を禁止しています。

① チョコレートを他の食品に比べて実際のものよりも著しく優良であるかのように誤認されるおそれがある表示
② チョコレートやチョコレート菓子などの定義または規格に合致しない内容の製品について、それぞれそれらのものであるかのように誤認されるおそれがある表示
③ 生チョコレートの基準に適合しないチョコレートまたはチョコレート菓子について、「生」の文言を使用することにより、その商品の品質が他の商品より特に優良であるかのように誤認されるおそれがある表示
④ 果物類の香料を使用している旨を表示している場合であっても、あたかも果物類そのものを使用しているかのように誤認されるおそれがある表示

⑤ チョコレートまたはココアパウダーが純粋である旨を意味する文言を表示する場合の基準のすべてに適合しないものについて、「純良」、「Pure」などその商品が純粋である旨を意味する文言を使用することにより、その商品の品質が他の商品より特に優良であるかのように誤認されるおそれがある表示

⑥ ③〜⑤のほか、規定する特定事項の表示基準に合致しない表示

⑦ 「最高級」、「極上」など最上級を意味する文言、「ナチュラル」、「天然」、「自然」、「新鮮」、「フレッシュ」を意味する文言、「特濃」、「濃厚」を意味する文言を客観的な根拠に基づかないで使用することにより、その商品の品質が特に優良であるかのように誤認されるおそれがある表示

⑧ チョコレートに使用した可食物について、その可食物が実際のものよりも著しく優良であるかのように、または実際のものよりも、著しく多く、もしくは著しく少なく含まれているかのように誤認されるおそれがある表示

⑨ 賞でないものが賞であるかのように、また他の商品または他の事業について受けた賞、推奨などがそのチョコレートについて受けたものであるかのように誤認されるおそれがある表示

⑩ 官公庁、神社、仏閣その他著名な団体または個人が購入または推奨しているかのように誤認されるおそれがある表示

⑪ チョコレートの価格、取引条件、景品の品質や内容などについて、実際のものよりも、または他の事業者のものに比べて著しく有利であるかのように誤認されるおそれがある表示

⑫ 内容物の保護または品質保全の限度を超えて著しく過大な容器包装であって、このことが外部から容易に識別できないもの

⑬ 輸入品でないものが輸入品であるかのように、また国産品でないものが国産品であるかのように誤認されるおそれがある表示

⑭ 他の事業者または他の事業者のチョコレートを中傷し、誹謗するような表示

⑮ 伝統、歴史、製造技術、生産規模、生産設備、販売量、販売比率その他企業の信用状態について、実際のものよりも、または他の事業者のものに比べて著しく優位にあるかのように誤認されるおそれがある表示

⑯ チョコレートの商品名、商標、意匠などについて、他の事業者の製造または販売のものと同一または著しく類似した表示

⑰ 以上のほか、製造または販売するチョコレートの内容について、実際のものよりも、または他の事業者のものに比べて著しく優良であるかのように誤認されるおそれがある表示

※「チョコレート類の表示に関する公正競争規約及び施行規則」をもとに作成

第4章
チョコレートの
世界史

チョコレートの原料、カカオには約5300年にも及ぶ
歴史があります。
本章では、カカオの栽培が始まったメソアメリカの
概要とカカオの位置づけ、ヨーロッパの人々がカカオ
と出合うきっかけとなった「大航海時代」、そしてチョ
コレート作りの技術が大きく飛躍した「ヨーロッパへの
広がり」「チョコレートの四大発明」に分けて、チョコ
レートの歴史と文化をたどります。

チョコレートの世界史年表

	年	出来事
メソアメリカの時代	紀元前3300年ごろ	エクアドルでカカオが初めて食用として摂取されていたとされる。
	紀元前2000年ごろ	メソアメリカでカカオ栽培が始まり、オルメカ文明の時代にカカオ利用が行われたといわれる。
	紀元後400年ごろ	ユカタン半島で栄えたマヤ文明でチョコレートの飲用が始まる。
	1000年ごろ～	マヤ族が衰え、トルテカ族が栄える。トルテカ族は小国に分かれて土地や貢納品をめぐって争いを繰り返すが、とくにカカオ産地をめぐる争いが大きかったようだ。
	1300年ごろ	アステカ族がテノチティトラン（現在のメキシコシティ）を首都としてアステカ王国を建設する。カカオの産地の人々はカカオ豆で税を納めていた。
大航海時代	1502年	クリストファー・コロンブスがグアナハ島でマヤ人によって交易されるカカオの積み荷を目撃する。
	1521年	スペインから遠征したエルナン・コルテスらの征服によりアステカ帝国滅亡。
	1528年	エルナン・コルテスがスペイン王カルロス1世にカカオを献上。
	1534年	スペインのピエドラ修道院でヨーロッパ初のカカオの調理が行われる。
	1544年	マヤ貴族の代表団がスペインのフェリペ皇太子に謁見し、カカオを贈呈。カカオがスペインの公式記録に初めて載る。
ヨーロッパへの広がり	～1600年代前半	スペイン王室でチョコレートを飲む習慣が定着、国外への持ち出しが禁じられる。
	1580年	スペインがポルトガルを併合。以後、ポルトガルの上流階層にチョコレートが普及。
	1606年	イタリア商人アントニオ・カルレッティがカカオ栽培から飲料製造法までを記述し、トスカナ大公に献上。
	1615年	スペイン王女アンヌがルイ13世と結婚。フランス宮廷に飲料用のカカオを持ち込む（宮廷内にココアが普及する足がかりとなる）。
	1650年	コーヒー・ハウスがイギリス・オックスフォードに開店。52年にはロンドンにもでき、盛況をきわめていく。
	1657年	ココア販売店の広告が初めてイギリスの『パブリックアドバイザー』紙に、59年には週刊誌にも掲載される。
	1659年	ルイ14世が政商シャリューにフランス国内のチョコレートの製造・販売の独占権を与える。
	1660年	ルイ14世とスペイン王女マリア・テレサが結婚。宮廷にチョコレートが広まる。

● 中南米の概略図

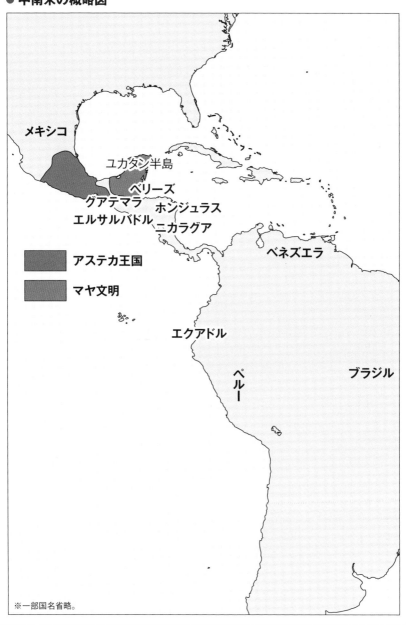

メキシコ

ユカタン半島

ベリーズ

グアテマラ　　ホンジュラス

エルサルバドル　ニカラグア

ベネズエラ

■ アステカ王国

■ マヤ文明

エクアドル

ペルー

ブラジル

※一部国名省略。

チョコレートの世界史年表

		年	出来事
ヨーロッパへの広がり		1662年	イタリア・ローマのカトリック信者間で断食中のココアの摂取をめぐっての論議が高まる。
		1693年	フランスでカカオ取引やチョコレートの販売が自由化。以後、チョコレートの価格が下がり、市民層にも普及していく。
		1697年	スイス、チューリッヒ市長エッシャーがベルギーのブリュッセルからチョコレートを持ち込む。
		1745年	オーストリアでスイス人の画家リオタールが『チョコレートガール』を描く。
		1765年	アイルランド移民ハノンがアメリカ・マサチューセッツ州でカカオの磨砕を始める。以後、アメリカ各地でチョコレート製造が盛んになる。
チョコレートの四大発明		1819年	フランソワ・カイエがスイス初のチョコレート工場を開設する。
	発明1	1828年	オランダ人のバンホーテン親子がチョコレートパウダー（ココア）の製法を発明し、特許を取得する。
	発明2	1847年	イギリス人ジョセフ・フライがイーティングチョコレートを発明する。
		1853年	イギリス人ジョン・キャドバリーがビクトリア女王にチョコレートを納める王室御用達業者となる。
		1857年	ベルギーのチョコレートブランド、ノイハウスが誕生。後の1912年に、創業者の孫にあたるジャン・ノイハウスJr.がボンボンショコラを生み出す。
		1866年	キャドバリー、バンホーテンの機械をモデルに粉末ココアを製造・販売する。 スイスでアメリカ人のページ兄弟が「アングロ・スイス練乳会社」を設立。
	発明3	1876年	スイス人ダニエル・ペーターがミルクチョコレートを発明する。
	発明4	1879年	スイス人ロドルフ・リンツがコンチェを発明する。
		1893年	アメリカ・シカゴで万国博覧会が開催され、チョコレート製造が実演される。

資料　日本チョコレート・ココア協会HP　梶　睦「チョコレート・ココアの食文化と歴史」（『チョコレート・ココアの科学と機能』所収、アイ・ケイコーポレーション）　蕪木祐介『チョコレートの手引』（雷鳥社）　武田尚子『チョコレートの世界史』（中公新書）

● ヨーロッパの概略図

イギリス

オランダ
ベルギー

フランス　　スイス　　オーストリア

イタリア

ポルトガル　スペイン

※一部国名省略。

1. メソアメリカの時代

古代から現代へ、長い時間の流れのなかで位置づけや形を変えてきたカカオとチョコレート。この壮大な旅の始まりは、紀元前3300年ごろからカカオが食用として利用されていたエクアドルにさかのぼることができます。

◆ カカオの歴史に新説

　これまでは、オルメカ文明の時代に人類最初のカカオ利用が行われたと考えられていましたが、2018年10月、カナダと米国の専門家を中心とする国際研究チームは、エクアドルの遺跡からカカオが紀元前3300年ごろに初めて食用として摂取された植物学的証拠を発見したことを発表しています。今後さらなる研究がすすめられれば、新たな事実が発見されるかもしれません。

◆ 栽培の起源はメソアメリカ

　チョコレートの主原料、カカオの植物としての起源地はアマゾン川上流域地帯およびベネズエラのオリノコ川流域と考えられていますが、栽培の起源地は、「メソアメリカ」と呼ばれる地域です。

　メソアメリカとは、現在の**メキシコの南半分からグアテマラ、ベリーズ、エ**

● メソアメリカ地方

ルサルバドルとホンジュラスのあたりまでの地域を指します。マヤ、アステカのほか、オルメカ、サポテカなどの高度な文明が栄えた地であり、マヤ暦、マヤ文字やサポテカ文字などの文字体系が発達し、トウモロコシを中心とする農業など、多くの文化を共有しました。その文化の1つには、カカオの利用もあげられます。

◆ 紀元前から栽培・利用されてきたカカオ

カカオを描いた土器や石碑などから、栽培が始まった紀元前2000年ごろよりスペインに征服される16世紀まで、メソアメリカの人々がカカオを利用していたことがわかっています。

14世紀に建設されたアステカ王国の記録からは、カカオは神秘的な力を持つものとされ、儀式の捧げ物や薬、貢物、交易品、位の高い人々の飲み物などさまざまな用途に使われていたことがうかがえます。カカオは通貨としても用いられていて、交易が盛んなメソアメリカ地域の物品貨幣経済の中心でした。労働の報酬として、年貢として用いられ、さらには商売といえばカカオ取引を指すほどでした。

◆ ヨーロッパ人とカカオの最初の出合い

ヨーロッパ人が初めてカカオの存在を知ったのは、クリストファー・コロンブスのアメリカ大陸到達でのことでした。このときの様子はコロンブスの子、フェルナンドが書いた『提督クリストバル・コロンブスの歴史』に記述されています。クリストファー・コロンブスは最後の航海（1502〜1504年）で、ホンジュラス沖合のグアナハ島に到着したとき、マヤ人らしき人々が乗ったカヌーと遭遇しました。このとき彼らが運ぶ交易品のなかに、木の根や豆、トウモロコシ酒などとともにアーモンドがありました。そして、このアーモンドが落ちると彼らは自分の目でも落としたかのように一生懸命に探しては拾ったというのです。フェルナンドは、「アルメンドラ（アーモンド）」という記述しか残していませんが、現在では、このアルメンドラこそがカカオであったことは間違いないとされています。

「自分の目でも落としたかのように──」という記述から、人々がどれほどカカオを大切にしていたかがわかります。しかし、クリストファー・コロンブスはインドへの航路探索に熱中していたため、カカオに興味を持ちませんでした。

2.大航海時代

カカオに興味を持たなかったコロンブスの後、ヨーロッパの人々がカカオと出合うきっかけとなったのが、スペイン人コルテスらによるアステカ帝国の征服でした。チョコレートと征服者たちの遭遇はいかなるものだったのでしょう。

◆ 報告された「アステカ帝国の不思議な飲み物」

メキシコのアステカ帝国を**1521年**に征服した**エルナン・コルテス**は、アステカ帝国の様子をスペイン本国に報告するなかで、現地の人々の不思議な飲み物を紹介しています。

「アステカ帝国の人々は、カカバクアルイトルという樹（カカオの樹）の実の内部の果肉部をカカバセントリとよび、その種（カカオ豆）をカカオトル、そして、このカカオトル（カカオ豆）でつくった飲みものをショコラトルといっている」

「モンテスマⅡ世の晩餐会では、テーブルに、泡だった飲みもののショコラトルを入れた大きな壺が、料理を盛り付けた皿の間に五十以上運びこまれた」

（引用：『チョコレートの科学』蜂屋巖著、講談社）

語源については諸説ありますが、「**ショコラトル**」はチョコレート（スペイン語で「チョコラテ」）の語源のようです。つまり、コルテスが出合った飲み物がチョコレートの元祖でした。

◆ 高貴な飲み物「ショコラトル」

このショコラトルと呼ばれた飲料は、甘味がなく、トウガラシやトウモロコシの粉を混ぜたスパイシーなものでした。また、強精・媚薬効果が期待され、一部の特権階級の人々しか飲むことがかなわない大変貴重なものでもありました。

メタテ
マノ

カカオ豆をローストする土器

この当時の飲み物の作り方を紹介しましょう。

まずカカオ豆を入れた土器を火にかけてローストし、種皮を除いた後、カカオ豆を**石板（メタテ）**（写真左␣）の上に置いて**石棒（マノ）**（写真左␣）で砕き、やわらかくなめらかになるまですりつぶします。次に、水を加えてさらにペースト状にした後、トウモロコシの粉やトウガラシ、ア

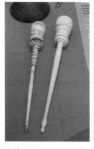

モリニーヨ

チョテ（食紅のようなもの）を加えます。このとき**モリニーヨ**（写真右上）と呼ばれる攪拌棒で激しくかき混ぜて、ビールのように泡立てるとできあがりです。

今でもメキシコなどでは、この方法でチョコレートドリンクを作っている地域があります。

◆ スペインが独占し「門外不出」に

この飲むチョコレートは、植民地でのスペイン人の食生活に取り入れられ、やがて本国スペインにも広まっていきました。

はじめはアステカ式のレシピにならっていましたが、これは苦い飲み物だったので、スペイン人たちは彼らなりにアレンジしていきました。手始めに砂糖で甘味をつけ、続いてアステカ式の香辛料に代えてシナモンやアニスの実、黒コショウなどを用いるようになりました。また、チョコレートを泡立てるときも、ペースト状になったチョコレートをいったん温めてから別の器に入れて、熱いチョコレートを木製の攪拌器でかき混ぜるという方法に変えました。さらにアレンジはレシピだけにとどまらず、すりつぶしたカカオを板状にして貯蔵や運搬に便利な形にし、必要なときに熱い湯や砂糖を加えて飲み物にするという画期的な方法もとられるようになりました。

このようにして広まったチョコレートは、スペインの宮廷でよく飲まれるようになっていったのです。この贅沢な飲み物は疲労回復効果があり、長寿が期待できる薬とされ、国外へ持ち出すことが禁じられたため、100年近くにわたって、チョコレートはほとんどスペインの独占状態となりました。

3. ヨーロッパへの広がり

カカオに砂糖を加えた、甘くて熱い飲み物。現代ではココアと呼ばれるこの飲料をたしなむ習慣は、16〜19世紀にヨーロッパ諸国へ広まりました。ここではココアを飲む習慣がヨーロッパに根づいていく過程をたどっていきます。

◆ カカオ到来にまつわる2つの説

　ココアあるいはチョコレートのヨーロッパでの広がりを振り返る前に、カカオがいつヨーロッパに到来したかについて、2つの説にふれておきます。

　1つは、エルナン・コルテスがアステカ帝国からカカオをもたらし、1528年に時のスペイン国王カルロス1世（カール5世）に献上したという説。もう1つは、1544年にドミニコ会士たちにともなわれたマヤ人がフェリペ皇太子に謁見した際の贈呈品目録に現れるのが最初の記録であるという説。

　いずれにしても16世紀には、スペインとその植民地になったメソアメリカとの往復は盛んだったため、カカオがこのころにスペインに伝わったことは間違いないようです。

◆ 2つのルートで浸透

　ココアが16〜19世紀にヨーロッパで浸透していく過程は、大きく2つに分けることができます。スペイン、ポルトガル、イタリア、フランスなど地中海沿岸に位置する南ヨーロッパのカトリック諸国で受容されていった過程と、オランダ、イギリスなど北西ヨーロッパに広まっていった過程です。この時期がヨーロッパにおけるお茶やコーヒーが普及した時期に重なっていることも、その後のココアの改良、発展に大きく影響したといえるでしょう。

　スペイン、ポルトガルは16世紀に**メキシコの南半分や中南米に植民地を築き、16〜17世紀のカカオの主要な生産地を押さえました**。一方、オランダやイギリスは17世紀に東インド会社、西インド会社を興して海外貿易に本格的に参入すると、**中米カリブ諸島に貿易拠点を築き、本国に砂糖やカカオを輸送するルートを開拓していきました**。

◆ 漏れ伝わったチョコレートの秘密

　前述のとおり、飲みやすく改良されたカカオ（ココア）はスペイン王室により門外不出とされましたが、その秘密も長くは続きませんでした。商人や修道士らによって国境を越えて漏れ伝わり、1606年には、スペイン王室に出入りしていたフィレンツェの商人アントニオ・カルレッティがカカオの栽培から加工技術、飲料製造法まで習得してイタリアに伝えました。

　1644年にローマの医師パオロ・ザッキアが次のように記しています。

　「ある薬について一言触れておきたい。それはほんの数年前にポルトガルから我が国にもたらされた薬で、西インド諸島から来たものらしく、シャコラータと呼ばれている。」

　「早朝に摂取すれば、チョコレートは胃を快くし、消化を助ける。」

　（引用：『チョコレートの歴史』ソフィー・D・コウ、マイケル・D・コウ著、樋口幸子訳、河出書房新社）

　この記述から、イタリアにおけるチョコレート（シャコラータ）はポルトガルからもたらされたこと、そして薬として認識されていたことがわかります。

ベルサイユで花開いたチョコレート

　チョコレートがフランスに伝わったのには、2つの婚姻が寄与しています。1つは、1615年にフランス国王ルイ13世とスペイン国王フェリペ3世の娘アンヌが結婚し、カカオを好んだ王妃によってチョコレートがフランスに持ち込まれたこと。もう1つは、1660年にルイ14世と結婚したフェリペ4世の娘マリア・テレサがスペインからチョコレートの調理人を連れてきたこと。こうしたことをきっかけに、フランス貴族階級の女性を中心にチョコレートを飲む習慣が大流行し、徐々に庶民の飲み物となっていきました。

◆「ココアは飲み物か、食べ物か」

　チョコレートがヨーロッパで広まるうえで聖職者も大きな役割を果たしました。16世紀には宣教師も多くメソアメリカに上陸していて、カカオ栽培がこの地にとって重要なものであること、原住民からカカオを贈られたこと、カカオ農園や飲み物についてなどの記録を残しています。このような背景のなか、ココアをめぐって「薬品か、食品か」「飲み物（液体）か、食べ物（固体）か」、つまり**ココアの摂取は断食の規則に違反するか否かの論争**がおこりました。

　スペインの植民地に多数居住し、カカオの売買に携わる人も多かったイエズス会は、ココアを飲んでも断食破りにはならないと主張し、片やドミニコ会は反対の立場をとりました。賛成派は、ココアはこれまで飲み物と認められてきたワインと同様に受容すべきであるといい、反対派は、チョコレートは滋養になるので（ときにはみだらな欲望を刺激するという説も加わって）断食の趣旨に反するというのが主な立場でした。

　1569年にローマ教皇ピウス5世は、実際にココアを味わって、「飲料であり、断食中に摂取してよい」という判断を示しました。しかし、脂肪分が豊富で体温を上昇させる効果があることなどを指摘し「食品である」と批判する医者が後を絶たず、この論争は16〜17世紀の100年近くにわたって続きました。

◆ 市民革命を経てイギリスにも登場

　イギリスにおけるチョコレートは、ヨーロッパ大陸とはいささか異なった発展を見せます。スペインやフランスでは、チョコレートは王室・貴族階級から広まりましたが、イギリスでは初期から庶民にも手が届くものとして登場しました。その背景には、1649年に清教徒革命で国王チャールズ1世を処刑し、共和政をしいたクロムウェルの存在があります。

　1655年にクロムウェル軍がジャマイカ島をスペインから奪い取るとともに、この島はイギリスの主要なカカオ豆供給源になりました。当時の新聞広告から1657年にはロンドンにココアを販売する店があったことがわかります。

　そして1659年には週刊誌『ニーダムの政治報道』に次のような広告が掲載されました。

「西インド渡来のすばらしい飲み物、チョコレートを、ビショップスゲート通り、クイーンズヘッド小路にて販売中。＜中略＞その場で飲むもよし、材料を格安で買うもよし、用い方も伝授。その優れた効能はどこでも大評判。万病の治療、予防に効果あり。効能を詳しく解説した本も同時に販売。」

（引用：『チョコレートの歴史』ソフィー・D・コウ、マイケル・D・コウ著、樋口幸子訳、河出書房新社）

この文面は、廉価でカカオが入手でき、家庭でチョコレートを味わうことが可能であるということを伝えています。

チョコレートは水といっしょに!?

18世紀には、チョコレートは庶民の飲み物になっていました。このことを伝える有名な絵画があります。1745年にスイスの画家リオタールが描いたもので、少女がカップに入ったチョコレートを運んでいます。この絵は、現在、ドイツのドレスデン美術館（アルテ・マイスター絵画館）に所蔵されていて、「チョコレートガール」あるいは「チョコレートを運ぶ娘」「チョコレートサーバー」などと呼ばれています。

この絵の注目すべき点は、チョコレートをのせたトレーの上にいっしょにグラスに入った水も描かれているということです。この水はチョコレートを飲んだ後に、口の中をさっぱりさせるために飲んでいたと考えられ、当時のチョコレートがとても濃厚であったことがうかがえます。

◆ コーヒー・ハウスの出現

王政復古期（1660〜1688年）のイギリスでは、クロムウェルの独裁体制に懲りた結果、自由を享受する雰囲気が生まれました。そんな風潮のなかで登場したのがコーヒー・ハウスです。客同士がコーヒー、お茶、ココア、たばこなどをたのしみながら議論や情報交換するなどクラブ的な性格を持つ社交場として発展し、18世紀前半のロンドンには数千軒あったといわれています。そのなかでも「ココアの木」はトーリー党員（王党派）の集会場として知られました。

コーヒー・ハウスは、社会に新しい潮流を生み出す発信地としての役割も担っていたのです。

◆ ココア人気、ピンチ！

コーヒー・ハウスが大流行したイギリスに限らず、ココアを飲む習慣は18世紀ごろにはヨーロッパ諸国の大衆の間で広がりました。しかし、時代が進むにつれて、嗜好品の主役はコーヒーやお茶（紅茶）にシフトしていったのです。お茶やコーヒーが茶葉やローストしたコーヒー豆に熱湯を注ぐだけでできるのと比べて、ココアはローストしたカカオ豆を磨砕するところから始めるので、飲める状態となるまでに時間がかかりすぎるというのが最大の理由でした。かくしてココアは、オランダのバンホーテンによる画期的な発明がなされるまで停滞を余儀なくされることとなります。

各国で「チョコレート税」導入

ヨーロッパ中でチョコレートが大流行すると、各国で税金をかける動きがおこりました。イギリスでは1660年にチョコレート税が徴収され、1690年には販売のライセンス制度が導入されました。フランスでも1693年にチョコレートの製造販売ライセンス制が導入され、ルイ14世の懐を肥やしました。フリードリヒ1世が治めるプロシアでも1704年にチョコレートに税金をかけたので、チョコレートをたのしむには銀貨2枚を支払わなければなりませんでした。

チョコレートソースで作る煮込み料理

　チョコレート味の食べ物はお菓子だけではありません。メキシコにあるチョコレートソースを使った料理をご紹介しましょう。

　メキシコの伝統的な料理モレ。材料にはチョコレートも使われていて、メキシコ産トウガラシであるチレの辛味、ナッツのコクなどが複雑な味わいを織りなすなかに、ほんのりとチョコレートの風味がたのしめます。鶏肉や豚肉、アヒルなど、肉類を煮込むのに使うのが一般的で、なかでも鶏肉が最もポピュラーです。

● モレ・コン・ポイヨ（鶏肉の煮込み）

・材料（4人分）

骨付き鶏もも肉 … 4本　　チョコレート（ブラック）… 100g
タマネギ … 1/4個　　ニンニク … 1/2かけ　　塩・コショウ … 適宜

チキンブイヨン … 500cc　　レーズン … 大さじ2　　ラード … 適量
トルティーヤ（ビスケットでも可）… 1枚　　チレ・ムラート（乾燥）… 3個
ローストナッツ（クルミ、カボチャの種、アーモンド、ピーナッツなど）… 大さじ1
シナモン、クローブ … 各適量　　お好みでごはんやトルティーヤなど … 適量

・作り方

❶ 鍋にラードを入れて火にかけ、塩・コショウをした鶏肉、ニンニク（みじん切り）、
　タマネギ（薄切り）を入れて炒めます。
❷ タマネギがしんなりして鶏肉に焼き色がついたら、チキンブイヨン、レーズン、トルティーヤ、
　チレ・ムラート、ローストナッツ、シナモン、クローブを加え、20分ほど煮込みます。
❸ チョコレートを刻んで加え、混ぜ合わせます。チョコレートがとけたら鶏肉を取り出します。
❹ ソースを鍋からミキサーに移し、なめらかになるまでミキサーにかけます。
❺ 鶏肉を器に盛り、ソースをかけます。お好みでごはんやトルティーヤを添えます。

● チョコレート料理にも合うトウガラシ「チレ」

　メキシコ・プエブラ原産のトウガラシ、チレはメキシコ料理には欠かせません。多様なチレのなかでもチレ・ムラートは丸い形が特徴で、甘味があります。料理に使うチレは他のチレでも構いませんが、種類によって辛味の強さが違うので、量を調整してください。インターネットなどで入手できますが、生のものを購入した場合は、焼き網で黒く焼いて使います。ただし煙が大量に出るので注意しましょう。

4. チョコレートの四大発明

ヨーロッパでは19世紀に入るとチョコレートの消費が増えるとともにチョコレート会社が続々と誕生しました。そして、近代チョコレートの基礎となる四大発明がなされました。ここでは、その発明について順に見ていきます。

◆ チョコレート産業も技術革新が進む

　産業革命にまたがるこの時代には、人手に代わる水力を利用した産業機械が開発され、家内工業的なチョコレート製造から本格的な動力による生産へとシフトする技術革新が進みました。さらにカカオプランテーションの拡大によるカカオ豆の増産、そしてヨーロッパでの砂糖の生産を可能にしたサトウダイコンからの砂糖製造技術の確立という背景もありました。

　このころに誕生したチョコレート会社のなかには現在でも存続し、世界的に有名になっている企業も少なくありません。

◆ ココアの発明

　スペインに渡ってから砂糖やミルクを入れて、格段においしくなったチョコレート飲料でしたが、いくつかの問題点がありました。その原因は、カカオ豆に約55％含まれるココアバターです。

　当時、ヨーロッパに広められたカカオ飲料は油脂分が多く、水やミルクとも混ざりにくかったので、決して飲みやすいものではありませんでした。それに加え、カカオ豆には発酵過程で生成した酢酸などの有機酸が残っており、酸味も強く、湯気といっしょにプーンと立ちのぼる酸臭は鼻をつきました。

　これを解決すべく、**1828年、オランダ人のバンホーテン親子**が大きな発明をし、特許を取得しました。彼らは世界的に有名なココアのブランド、バンホーテンの創始者です。

　この発明は2つからなっています。1つは、酸味の強いこの飲料をアルカリで中和することにより、刺激や渋味を減らし、より一層飲みやすくする方法です。**アルカリ処理**（アルカリゼーション）をすることで色調に深みが出て、味もマイルドになりました。この製法は「**ダッチプロセス**」と呼ばれ、現代もココア製造法

の基本として本質的には変わっていません。

　もう1つは、カカオ豆を搾ってココアバターを部分的に取り除く圧搾機を開発したこと。すりつぶしてできたカカオペーストは約55％のココアバターを含んでいますが、この圧搾機を用いることで28％まで減ら

「ダッチプロセス」を発明した息子のコンラート・ヨハネス・バンホーテン。

約190年の歴史を誇るバンホーテンの19世紀後半の広告。

すことに成功しました。こうして搾り取って残った固形分を細かく砕いて粉末状にしたものがココアパウダーです。ココアパウダーは油脂が少ないので、湯と混ざりやすくなりました。

　この2つの発明によってカカオ飲料としてのココアの歴史は飛躍的に進歩し、後のチョコレートの登場に大きな影響を与えました。

CHOCOLATE column

ココアの製造工程

　ココアの製造工程は、チョコレートの製造工程とどこが違うのでしょうか。カカオ豆を粗く砕き、シェルを取り除いてカカオニブを取り出し、ローストし、すりつぶしてカカオマスにする工程はいっしょです（36ページ参照）。

　大きく違うところは、以下の2点です。

● **アルカリ処理**

　もともと酸味のあるカカオを、アルカリで中和し、中性に近づけることで、酸味がマイルドになり色調にも深みが出ます。

● **ココアバターの分離**

　カカオマスに高温で圧力をかけ、一定量のココアバターを分離します。一般にステンレス製のメッシュを用い、メッシュを通過したものはココアバターとして回収され、残った固形状のものはココアケーキと呼ばれます。このココアケーキを細かく粉砕し、粉末状にしたものがココアパウダーとなります。これらの工程により、湯などとの混合が容易になります。

◆ イーティングチョコレートの発明

1847年にイギリスの菓子職人**ジョセフ・フライ**が「イーティングチョコレート」を発明しました。旧来の「飲むチョコレート」に対して、かじって食べるチョコレートが登場したのです。

イーティングチョコレートは、カカオ豆と砂糖をすりつぶし、そこへココアバターを加えて作られました。ここで画期的だったのは、ココア製造の副産物であるココアバターを利用した点にありました。原料にミルクを使わなかったので、その風味は現在のダークチョコレートに似ていたのではないかと考えられます。

じつはイーティングチョコレートのヒントとなるようなひな形は、かなり古くからありました。1609年に出版された『チョコレートの売買に関する本』には、カカオ豆をペッパー、バニラ、アニスや砂糖とともに砕き、ボール状に丸めたものを円盤状や棒状に固めて売られていたことが紹介されています。この加工法はスペインスタイルと呼ばれました。また、ルイ16世の王室薬剤師であり、チョコレート職人でもあるスルピス・ドゥボーヴは、薬が苦くて飲めない王妃マリー・アントワネットのために、液状にしたカカオマスを固め、薬を包み込むチョコレートを作りました。このチョコレートは王妃により「ピストル」と名づけられ、「マリー アントワネットのピストル」として今もパリのチョコレート店ドゥボーヴ・エ・ガレの定番商品となっています[※]。

ともあれ、「食べるチョコレート」の出現は衝撃的でした。携帯できて、湯にとかす手間もいらない、しかも腐らないので長期保存が可能です。こうした利便性と保存性のよさが、イーティングチョコレートを次第にチョコレートの主流にしていったのです。

※2023年10月取材当時の内容。

マリー アントワネットのピストル

◆ ミルクチョコレートの発明

19世紀には、ココアをおいしくするためにミルクを入れて飲むことがすでに一般的に行われていました。しかし、イギリスのイーティングチョコレートにはミルクが入っていませんでした。その大きな理由は、粉ミルクがまだ開発されていなかったからです。水分の多いミルクを使うとココアバターと非常になじみが悪く、チョコレートが流動性をなくしてしまううえに、水分が多いとすぐにカビが生えたり、腐ったりしてしまいます。

そこでスイス人の**ダニエル・ペーター**により考案されたのが、液状にしたスイートチョコレートと濃縮ミルク（加糖練乳）を混ぜたものを、水力を利用した機械で長い時間かき混ぜてから、冷やし固めるという製造法でした。

その原理はこうです。温めて混ぜている間に水分が蒸発することで、ミルクの粒が細かくなってココアバターの中に閉じ込められる。そして、それを冷やすことでミルクの成分がココアバターの結晶の中に分散し、その結果、ミルクチョコレートになる、というわけです。

この方法により、**1876年、ミルクチョコレートの発明**がなされました。なお、ペーターが用いた濃縮ミルクは、彼がチョコレート工場を作る1年前、1866年に設立されたアングロ・スイス練乳会社が長期保存できる練乳を発明していたのでそれを利用したといわれています[※]。

ミルクチョコレートの発明により、チョコレートの味はやさしい風味（マイルド）になりました。この第3の発明で、現代のチョコレートの基本形は整ったといえます。

※1875年に練乳を添加、1876年にミルクチョコレートとして完成したなど、諸説あります。

◆ コンチェの発明

ココア、イーティングチョコレート、ミルクチョコレートと3つの発明を経たチョコレートでしたが、まだザラザラとした口当たりでなめらかさのないものであり、今日のようなチョコレートになるためには、「第4の発明」が必要でした。

1879年、スイス人の**ロドルフ・リンツ**による、コンチェの発明がそれです。コンチェは、チョコレートを製造する際にココアバターを均一に行きわたらせる作業（コンチング）をするための攪拌機（かくはん）のことですが、リンツはメソアメリカでカカ

オやトウモロコシをすりつぶすために古くから使われていたメタテとマノの原理を応用しました。

　リンツが取った方法は、メタテに見立てた底の浅い容器（コンチェ）にチョコレートを入れ、容器内で石のロールを転がしてチョコレートの中のカカオや砂糖をもっと細かい粒子になるまで砕くというものでした。この方法でチョコレートを処理すると、固体の粒子が細かくなり、舌にざらつきを感じないなめらかな食感になります。それと同時に、コンチェで長時間処理するとチョコレート中の水分の蒸発が促進され、チョコレートの流動性も著しく改善しました。チョコレートの流動性の改善は、型への充填作業の能率を飛躍的に向上させたといえます。

　なお、**コンチェとはスペイン語で貝のこと**で、リンツが使った容器の形がコンチ貝の殻に似ていたことから名づけられました。コンチェの発明によって、光沢のある、口どけのよいなめらかなチョコレートが作られるようになり、ついに現代のチョコレートが確立したのです。

チョコレートが料理をおいしくする!?

　海外ではチョコレートやココアパウダーが伝統料理の材料として登場することがあります。

　メキシコのチョコレートソース（145ジ参照）はよく知られていますが、フランス、スペインなどでも、ジビエ、ウナギなどのクセの強い食材の煮込みを作るときに、臭み消しや肉をやわらかくする目的でチョコレートと他のスパイスを混ぜた液に漬け込む調理法があるそうです。フランスで書かれた1691年の料理本によると、宮廷や裕福な家庭で作られた「黒鴨のチョコレート煮込み」がチョコレートを使った最初の料理といわれています。

第5章
チョコレートの
日本史

日本でチョコレート産業が開花したのは、ヨーロッパ
に遅れること約1世紀、大正に入ってからのことでし
た。当時、チョコレートはハイカラで、高級な菓子だっ
たといえます。

本章では、明治・大正・昭和の各時代におけるチョコ
レートにまつわるエピソードを紹介。さまざまな技術
革新を経て、今やチョコレート先進国になった日本の
チョコレートの歩みをたどってみましょう。

チョコレートの日本史年表

	年	出来事
明治時代	**明治6（1873）年**	米欧視察派遣特命全権大使岩倉具視ら、フランスでチョコレート工場を見学。
	11（1878）年	東京・両国の米津風月堂、日本最初のチョコレート加工製造・販売。
	32（1899）年	8月／森永太一郎、森永西洋菓子製造所（現、森永製菓株式会社〈以下、森永〉）を創業し、チョコレートクリームの製造販売を開始。
	34（1901）年	9月／森永、チョコレートクリームを宮内省御料とするよう命じられる。
	36（1903）年	3月／森永のチョコレートクリーム、大阪で開催された第5回内国勧業博覧会で3等賞を受ける。
	37（1904）年	10月／森永チョコレートクリームの広告が「報知新聞」紙に掲載、日本初の国産チョコレートの新聞広告。
	42（1909）年	3月／森永、板チョコレート4分の1封度（ポンド）型を製造販売、日本初の板チョコレート生産。
	43（1910）年	11月／藤井林右衛門、不二家洋菓子舗（現、株式会社不二家）を創業（藤井、大正元年に洋菓子事情視察と技術習得のため渡米）。
大正時代	**大正元（1912）年**	森永、チョコレートの輸出を開始。チョコレートクリームを現在の中国、南洋各地に輸出。
	3（1914）年	3月／大正天皇、東京大正博覧会で森永出品のチョコレート菓子をお買い上げ。
	4（1915）年	4月／森永太一郎、業界視察のため渡米、ハーシーチョコレート会社を訪問。
	5（1916）年	10月／東京菓子株式会社（明治製菓株式会社の前身）創立。 12月／大正製菓株式会社（親会社は明治製糖株式会社）創立。 翌年3月、東京菓子を存続会社として2社が合併（13年に明治製菓株式会社に社名変更〈以下、明治〉）。
	7（1918）年	5月／明治、チョコレートの販売を開始。 6月／森永、日本最初の近代チョコレート生産設備を完成、カカオ豆からの一貫製造を開始。 10月／森永、日本初の国産ミルクチョコレートを発売。
	8（1919）年	8月／森永、カカオ豆からココアパウダーを製造、日本初の飲料用ココアを発売。
	10（1921）年	江崎利一、大阪で合名会社江崎商店（現、江崎グリコ株式会社）を設立。

	年	出来事
大正時代	12(1923)年	神戸でロシア人マカロフ・ゴンチャロフがチョコレート製造・販売を開始。
	15(1926)年	5月／明治、川崎工場でチョコレートの一貫製造を開始。9月／「明治ミルクチョコレート」を発売。
昭和時代	昭和4(1929)年	4月／輸入関税が撤廃される。各社、板チョコレートを増量または値下げしたことで消費者拡大へ。
	6(1931)年	8月／神戸モロゾフ製菓株式会社(現、モロゾフ株式会社)、チョコレートショップとして設立。
	7(1932)年	神戸で合資会社エム・ゴンチャロフ商会(現、ゴンチャロフ製菓株式会社)が設立。
	8(1933)年	明治、このころから中国各地、東南アジアに支店・販売所等を設置、海外の販売網を広げる。
	10(1935)年	明治、チョコレート進物缶、ティーチョコレート、アソートチョコレート、ロールミルクチョコレート、パイルチョコレートなど多数の新製品を販売。
	12(1937)年	9月／輸出入品等臨時措置法が公布、カカオ豆の自由輸入ができなくなる(15年12月、正規ルートのカカオ豆輸入は完全に途絶)。
	14(1939)年	ココア豆加工業会と日本チョコレート協会によるチョコレート原料配給統制組合が設立。
	16(1941)年	8月／ココア豆代用品研究会が設置、チョコレート代用品の研究を行う。
	20(1945)年	明治川崎工場、森永鶴見工場などが空襲で被災。10月／森永、米国赤十字社の管理工場として操業開始(後にPX〈米軍施設の売店〉が管理、27年12月契約解除)。
	23(1948)年	11月／明治、川崎工場の復旧工事が始まる(26年2月設備復旧、操業開始)。
	25(1950)年	1月／カカオ豆が雑口輸入制で認可。10月ごろから順次チョコレート生産が再開される。
	32(1957)年	この年、カカオ豆からの一貫製造設備を有する工場は20を数える。
	35(1960)年	カカオ豆・ココアバターの輸入自由化。
	46(1971)年	チョコレートの規格基準を定めた「チョコレート類の表示に関する公正競争規約」が規定される。

資料　『日本チョコレート工業史』(日本チョコレート・ココア協会)　明治製菓株式会社 社史編纂委員会編『明治製菓の歩み 創業から90年』(明治製菓株式会社)

1. 明治時代

日本のチョコレートの歴史は、明治維新とともに始まります。
欧米の文化が一気に押し寄せるなか、上陸したチョコレート
もまた文明開化のシンボルでした。日本でようやく黎明期を
迎えたチョコレートの歩みを見ていきましょう。

◆ 日本のチョコレート事始め

　日本にチョコレートが伝わったのは、じつは江戸時代のことでした。日本に
チョコレートが入ってきたことを示す最初の記録は、1797（寛政9）年、長崎・
丸山町の「寄合町諸事書上控帳」にある遊女の貰い品目録に記された、「しょ
くらあと　六つ」にさかのぼります。「しょくらあと」はチョコレートのことで、江戸
幕府の鎖国政策の下、出島に暮らしたオランダ商人から遊女がもらったのだ
と考えられています。時代は下り、パリ万国博覧会に幕府代表として赴いた徳
川昭武は、1868（慶応4）年8月3日に「朝8時、ココアを喫んだ後、海軍工
廠を訪れる」（「徳川昭武　幕末滞欧日記」）と記しています。

　公式記録となるとやはり明治時代を待つことになります。その最初の記録が
1873（明治6）年、岩倉具視が欧米視察の折にフランスでチョコレート工場を
見学し、「錫紙にて包み、表に石版の彩画などを張りて、其美をなす、極上品
の菓子なり。此菓子は、人の血液に滋養をあたえ、精神を補う功あり」という
旨を記した、使節団の公式報告書「特命全権大使米欧回覧実記」です。こ
れが正式な文献に書かれた日本人とチョコレートとの出合いとなります。

◆ チョコレートには牛の血が入っている!?

　1878（明治11）年、日本初のチョコレート加工製造・販売が東京・両国
の**米津風月堂**（現在の株式会社東京風月堂）で始まりました。このチョコレートは、
カカオ豆からの一貫製造ではなく、原料チョコレートを輸入し、ヨーロッパの
菓子職人が加工製造するというものでした。このころのチョコレートは、「猪古
令糖」「貯古齢糖」「千代古齢糖」などの漢字が当てられ、新聞広告などによっ
てその存在が各地へ知らされました。

しかし、チョコレートがすぐに日本人に受け入れられたわけではありませんでした。従来、牛乳を飲む習慣がなかった日本人にとって、乳臭いもの、いわゆる「バタ臭い」ものはあまり喜ばれなかったのです。しかも、「牛肉を食べれば角がはえる」と真顔で語られた時代でもあり、チョコレート

米津風月堂「貯古齢糖（ちょこれいとう）」の新聞広告

には牛の乳（ちち）が入っているというのを「牛の血（ち）が入っている」と聞き間違えたことから、チョコレートを避ける人も多くいました。また、当時のチョコレートは輸入品あるいは輸入原料によるもので非常に高価だったこともあります。

そうした事情から、チョコレートの需要層は、居留外国人や海外からの帰朝者、特権階級が占めていました。一般大衆にとっては、好むと好まざるとにかかわらず、チョコレートはまだ手の届かないものだったといえます。

◆ 板チョコレートの生産が始まる

1899（明治32）年、アメリカから帰国した森永太一郎が森永西洋菓子製造所（現在の森永製菓株式会社）を創業し、キャラメル、マシュマロとともにチョコレートクリームなどの製造販売を開始。これが日本におけるチョコレート産業の第一歩となります。

同社は、1903（明治36）年に大阪で開催された第5回内国勧業博覧会でチョコレートクリームが3等賞を受けたことをきっかけに、**1909（明治42）年、日本初の板型チョコレート（板チョコレート）の生産を開始**しました。翌1910（明治43）年には、芥河洋造がチョコレート製造技術を習得してアメリカから帰国、日米堂芥河商店の名でチョコレート菓子の製造を始めました。

国産のチョコレートが登場したとはいえ、チョコレートが高価であることに変わりはありませんでした。この時代のチョコレート菓子製造販売に携わった人々の苦心は、チョコレートが一般に知られていなかったため、製品に対する大衆の理解を深めることが難しかったところにありました。

2.大正時代

大正時代に入ると森永製菓や明治製菓がカカオ豆からチョコレートの一貫製造に着手し、日本で本格的なチョコレートの生産が始まりました。日本のチョコレートがヨーロッパのチョコレートと肩を並べる日が近づいてきたといえます。

◆ 海外進出への萌芽

　1912（大正元）年、森永製菓はチョコレートの輸出業務を開始し、チョコレートクリームを中国や南洋各地に輸出するようになりました。まさに国産チョコレートの海外進出が始まったのです。

　また、1914（大正3）年に始まった第一次世界大戦で欧米参戦国に軍需品等を供給した日本が未曾有の好景気になったことも、消費者の拡大をねらう菓子業界にとって飛躍的な発展を遂げる糸口になりました。さらに、長年にわたりヨーロッパ先進諸国の掌中にあった東洋、南洋の市場が期せずして日本の商権のなかに入ってきたことも追い風になりました。当時、ヨーロッパ各国（主にイギリス）から東洋、南洋諸国に輸出していたチョコレートやビスケット、キャンディー類などの販売権等が日本にもたらされたのです。

　この波に乗って、チョコレート加工業者、製菓業者も増えていきました。

◆ 有力企業の参入

　日本の製菓業が海外に販路を開いたとはいえ、その業者の大多数は家内工業または小企業で行われていたため技術力も低い状態であり、新しい市場を満たすにはとうてい至りませんでした。

　こうした背景のなかで、**1916（大正5）年、10月に東京菓子株式会社、12月に大正製菓株式会社**（親会社は明治製糖株式会社）**が近代的な製菓事業に相次いで着手し、翌年3月に東**

1924（大正13）年ごろの明治製菓株式会社の特約販売店看板横型

京菓子を存続会社として2社が合併しました[1]。製糖メーカーから製菓業に参入したのは、明治製糖（のちに明治製菓）創始者 相馬半治が砂糖消費の増進のために、砂糖加工業としての製菓・煉乳事業を経営することの重要性を痛感していた[2]ことが契機になったようです。砂糖の発展を企図するのは砂糖業者の使命である、というわけです。同社では、チョコレート製造技術の習得を急務とし、会社設立の翌1917（大正6）年にはアメリカ・ボストンのチョコレート工場に一社員を派遣すると、約1年間にわたって技術の研究にあたらせたほか、ハーシーチョコレート会社など著名メーカーへの訪問、イギリス、フランスのチョコレート業界を視察させたといわれています。

※1 1924（大正13）年9月に明治製菓株式会社に社名変更（現在は、株式会社 明治）。

※2 「酒精工場ハ糖蜜ノ販路ニシテ, 角糖ハ精糖ノ販路トナリ, 又精糖ハ粗糖ノ販路タルガ故ニ, 従来当会社ノ事業ハ自衛上自然ノ発展ヲ遂ゲ来リタルモノト云フ可シ。既往然リ, 将来ノ事亦自ラ知ルベキノミ。精糖ノ販路 豈只角糖ノミヲ以テ安ンズ可ケンヤ。氷糖, 粉糖ノ製造将ニ其設備ヲ必要トシ, 更ニ一歩ヲ進メテ製菓糖果ノ事業ヲ今ヨリ鋭意之ニ着手ス可キモノナリト信ズ」
（「製菓事業ニ関スル調査書」1916年10月, 久保文克「明治製糖株式会社の多角的事業展開」, 商学論纂（中央大学）第56巻第3・4号所収）

1925（大正14）年11月、チョコレート技術指導技師として明治製菓に在籍していたドイツ人技術者キャスパリ氏が書き残したチョコレートの配合表（複写）

CHOCOLATE column

贅沢品だったチョコレート

　　国産化が実現したとはいえ、大正時代にはチョコレートは高価な贅沢品でした。1920（大正9）年当時、女性工員の賃金は1日20銭でしたが、森永製菓のミルクチョコレートは1枚10銭で売られていました。ちなみに、大福は1個5厘前後でした（厘＝1銭の10分の1）。

チョコレート生産体制の飛躍

　1918（大正7）年、日本チョコレート工業史上記念すべき出来事が起こりました。森永製菓が東京・田町の工場にアメリカから導入した近代チョコレート生産設備の設置を完了し、カカオ豆からの一貫作業によるチョコレートの大量生産に着手したのです。それまでのチョコレート生産は、外国から原料チョコレートを輸入するか、商社によって輸入されたものを購入加工していたわけですから、チョコレートの生産体制から見れば、これは極めて画期的なことでした。同年10月、森永製菓は「森永ミルクチョコレート」を発売しました。翌1919年には、同工場にココアプレスを設備、カカオ豆からココアパウダーを製造、発売しました。これが日本初の飲料用ココアとなります。

　その後、1926（大正15）年には、明治製菓が川崎工場（神奈川県）においてドイツから購入した設備によるチョコレートの一貫製造を開始、「明治ミルクチョコレート」を発売しました。

　しかし、この時代は、外国から設備を導入できても、これを操作できる技術者はほとんどいませんでしたので、両社は競って外国人技術者を招いたり、社員を海外研修に派遣したりして、チョコレート製造技術者の養成にも力を注がなければなりませんでした。ともあれ、大正時代の終わりには、森永と明治という両社の大量生産によって、チョコレート生産量が急激に増加するとともに、輸出（主に東南アジア）量も年を追うごとに増加、また、日本におけるチョコレートの消費も次第に加速していきました。

明治製菓川崎工場
開設時のチョコレー
ト製造設備。

1925（大正14）年9月竣工の明治製菓の川崎工場
1号館。翌1926年1月にはチョコレートの製造棟も
完成。ドイツから機械を輸入するとともに、チョコレー
ト技師キャスパリ氏の指導の下、製造技術の向上を
図った。同年9月に「明治ミルクチョコレート」を発売、
近代的な工場での量産体制を確立した。

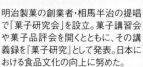

明治製菓の創業者・相馬半治の提唱
で「菓子研究会」を設立。菓子講習会
や菓子品評会を開くとともに、その講
義録を『菓子研究』として発表。日本に
おける食品文化の向上に努めた。

1923（大正12）年に発刊された明治製菓の季
刊雑誌『スヰート』。寄稿者には川端康成、菊池
寛、鈴木信太郎、小川未明らの著名な作家や画
家の名前が並び、当時としては例を見ない文化
の薫り高い企業PR誌だった。こうした広告宣伝
活動や菓子文化の普及活動の効果もあり、関
東大震災後に生まれた新しい風俗文化の波に
乗って、チョコレートはモダンな商品として人気を
博した。

明治製菓は、1926（大正15）年10月にコ
コアを発売。写真は最初の「明治ココア」。
川崎工場は昭和に入ってからも生産設備
の増強を続け、「チョコレートは明治」の基
礎をこの時期にかたちづくることとなった。

3.昭和時代

右肩上がりの成長を続けたまま、昭和という新しい時代を迎えた日本のチョコレート業界。需要は一気に拡大しましたが、日中戦争から太平洋戦争へと戦況が深刻化するのにともない「冬の時代」へと突入していきます。

◆ 戦前のチョコレート黄金時代

第一次世界大戦が終わった1918（大正7）年から、日中戦争が始まった1937（昭和12）年に至るまでの間は、各社製品の市場進出もあってチョコレートの需要が一気に拡大し、まさに戦前のチョコレート黄金期といえる時代でした。この背景には、生産体制の拡充と新製品の発売、活発な広告展開、国産チョコレートの海外進出などがありました。当時のチョコレート業界の雰囲気は、1931（昭和6）年、愛媛県松山市で開かれた第8回全国菓子飴大品評会で審査総長を務めた慶松勝左衛門博士のコメントからうかがうことができます。

　「チョコレートの類は最近著しく純良の製品を産し、舶来品に比し、遜色なきに至れり。想ふにチョコレートに対する一般の嗜好は今後一層拡大せらるるものと謂うべく、更に不断の研究を要すべし。」

　（引用：日本チョコレート・ココア協会『日本チョコレート工業史』）

◆ 代用品も登場、戦時中のチョコレート

1937年、チョコレート業界にも戦争の影が色濃く落ちてきました。輸入制限令がしかれ、さらに日中戦争の悪化によって貿易はますます窮屈の一途をたどり、ついにカカオ豆の自由輸入は不可能になりました。この間、森永製菓や明治製菓はアジア地域に出張所や販売店を開設し、輸出に力を入れるとともに、業界団体を結成して防衛策を図りましたが、1940（昭和15）年12月の薬用ココアバターの輸入を最後に、正規ルートによるカカオ豆の輸入は途絶えてしまいました。

戦争が始まると、軍の医薬品、食料品製造のため、指定された業者にだけ、

明治ミルクチョコレート

日本のチョコレートの歴史とともに歩んできた、超ロングセラーの「明治ミルクチョコレート」。懐かしさいっぱいのパッケージの変遷を見てみましょう。

1926（大正15）年9月13日
「明治ミルクチョコレート」新発売。「驚異に値する明治ミルクチョコレート」という新聞広告を掲載。

1927（昭和2）年
パッケージデザインを「2代目」に変更。

1951（昭和26）年
戦争の影響で製造がストップしていたが、原料の輸入再開にともない、戦後初の国産チョコレートとして「3代目」パッケージデザインで復活。

1958（昭和33）年※
パッケージデザインを「4代目」に変更。

1966（昭和41）年※
パッケージデザインを「5代目」に変更。

2009（平成21）年
明治ブランドマークの変更にともない、43年親しまれた「5代目」からパッケージデザインを一新。現行の「6代目」へとリニューアル。

2016（平成28）年
9月13日に90周年を迎えた。

「6代目」パッケージを基本としつつ、期間限定でさまざまなロゴが入る場合があります

※明治100周年調査結果に基づき発売年を変更しています。

軍ルートでカカオ豆が配給されるのみとなりました。ココアバターは、解熱剤や座薬に利用されました。食料品としては、気温の高い東南アジアや潜水艦の内部で食べられるよう、ココアバターの代わりに融点の高い油脂を利用した「とけないチョコレート」が作られていました。また、チョコレートにカフェインを混ぜたものが「居眠り防止食」や「振気食」として利用されていました。

　1940年から1950年までの10年間、日本国内へのカカオの輸入は止まったため、代用品を用いたチョコレートの開発が行われました。甘味料として砂糖の代わりにグルコース（ブドゥ糖）を用いたため、「グル・チョコレート」と呼ばれました。カカオ豆の代わりの主原料として用いられたのは、百合根、チューリップ球根、オクラ、チコリ、芋類、小豆などでした。ココアバターの代わりには、大豆油、ヤブニッケイ油などを用い、バニラで香りをつけて販売されていました。

◆ 製造が再開される（戦後第一期）

　1945（昭和20）年、終戦。進駐軍のアメリカ兵が持ち込んだチョコレートで、日本人は本物のチョコレートの味を思い出していきました。1949（昭和24）年には、カカオ豆輸入促進運動を展開するための機関として「チョコレート原料対策協議会」が設置され、その翌年、1950（昭和25）年にカカオ豆がわずかながら雑口輸入制で許可されたことで、日本でチョコレート製造が再開されました。同年7月からは正規の輸入が認められ、チョコレートの原料となるカカオ豆は、量に起伏はあったものの順調に輸入され、国内のチョコレート業者は順次生産を再開していきました。終戦の1945年から、カカオ豆の輸入が再開されるようになった1950年の間の戦後第一期国産チョコレート受難期に、小規模ながらも生産の端緒につくことができた業者は以下の通りです（年次順。社名は出典のとおり）。

　1945（昭和20）年：第一食品、不二家
　1946（昭和21）年：芥川製菓、中村屋、オリンピック、モロゾフ製菓、明
　　　　　　　　　　正堂
　1947（昭和22）年：美鷹製菓、三上製菓、富永製菓本舗、コスモポリタン、
　　　　　　　　　　ナガサキヤ、ゴンドラ、藤田屋製菓、東京産業、平塚
　　　　　　　　　　製菓、ラッキー食品

1948（昭和23）年：オリムピア製菓、ロータリー製菓、明治製菓、鈴木製菓、
　　　　　　　　　　万有栄養、川上製菓、富士製菓本舗、石井製菓、ハ
　　　　　　　　　　ンター製菓

1949（昭和24）年：松風堂製菓、ゴンチャロフ製菓、開運食糧、大東製薬、
　　　　　　　　　　メトロ製菓、チョイス製菓、前田本店製菓、森永製菓、
　　　　　　　　　　昇進製菓（ショウシン・チョコレート）、一心製菓、中井商店、
　　　　　　　　　　フランス屋製菓、メリー・チョコレート

1950（昭和25）年：吉野屋、ハリヤ製菓、西沢製菓、BH食品、開進堂製菓

※出典：『日本チョコレート工業史』（日本チョコレート・ココア協会）49ﾍﾟ

◆ 本格的な復興（戦後第二期）

　1951（昭和26）年以降の戦後第二期は、いよいよ本格的な復興期として、国内のチョコレート製造が軌道に乗り始めます。戦火による被害を受けた明治製菓の川崎工場は1951年に設備が復旧し、操業を再開しました。当初は成型機1連、エンローバー1連で、学童配給用板チョコレートを作り、その後板チョコレートの本格的な生産に入ります。1953（昭和28）年にさらに機械を増設し、高速自動包装機などの輸入機械が追加され、続々と新しいタイプのチョコレート製造設備が導入されました。

　1952（昭和27）年には、森永製菓が社内から欧米各国への視察団を派遣し、チョコレート製造設備の調査を行い、翌年から翌々年にかけて最新の高性能製造機械をヨーロッパから輸入することになります。また、イギリスから技師を招き、塚口工場（兵庫県尼崎市）のチョコレート部を全面的に改装するなど、設備の増強を図りました。

　1951〜1952年にかけて、チョコレート業界における最大の問題は、「カカオ豆物品税廃止」をめぐる動きでした。当時は、外国菓子（特にチョコレート）の輸入関税が35％なのに対し、カカオ豆に44％の重税が課せられていたのです。原料であるカカオ豆に対して、ココアとしての「物品税」を課すのは不当だと主張するチョコレート業界は、廃止運動を起こします。国税庁へ陳情活動を続けた結果、最終的には1952年にカカオ豆物品税は無税となりました。またちょうどこの時期、1952年には砂糖が自由販売となり、1960（昭和35）年にはカカオ豆の輸入自由化によって、国内のチョコレート製造が本格化していきました。

多様化するチョコレート商品

戦後のチョコレートの歩みを明治のヒット商品で追ってみましょう。

復活したミルクチョコレート　1951（昭和26）年

終戦直後の混乱期を経てようやくカカオ豆の輸入が再開し、復活したミルクチョコレートのポスター。戦後初の本格的国産チョコレートとして、多くの人が待ち望んだ味だった。

新しい発想の板チョコレートが大人気
1957（昭和32）年

従来の薄型でチョコレート色の包装という定番とは異なる、新しい発想で登場した「ミルクチョコレートデラックス」（写真中）は厚型で、苦味を抑えたまろやかな味。パッケージデザインは1964（昭和39）年の東京五輪のエンブレムを制作したグラフィックデザイナーの亀倉雄策氏による。「ハイミルク」（写真上）、「ブラック」（写真下）とともに「トリオ」として人気を博した。

果汁やウイスキーなどを封入した新たな味
1961（昭和36）年

チョコレートの中に果汁やウイスキーなどの液体や各種固形分を封入したシェルモールディング・チョコレートがヨーロッパで人気が高いことに着目し、開発されたのが「JPチョコレート」。明治のチョコレート事業躍進の大きな原動力となった。

カラフルでたのしいチョコが社会現象に
1961（昭和36）年

明治始まって以来の大ヒット商品となったのが7色糖衣がけの「マーブルチョコレート」。テレビCMにはマーブルちゃんこと上原ゆかりさんを起用、その愛らしさがお茶の間の人気を独占した。キャンペーンの一環としてテレビアニメ『鉄腕アトム』のスポンサーとなり、商品に封入されたアトムシールは子どもたちの間で人気の的となった。

最初のアポロ

斬新なアイデアでヒット商品に
1969（昭和44）年

チョコレートは豊かな時代の象徴となり、さまざまなアイデアの商品が次々と生まれるようになる。アメリカの宇宙船アポロ11号の月面着陸を受けて発売された「アポロ」も新たなヒット商品となった。

現在のアポロ

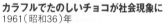

チョコスナックという新分野へ
1975（昭和50）年

消費者の嗜好が多様化し、よりライトな感覚のチョコレート菓子が求められるように。なかでも大ヒットしたのが「きのこの山」で、4年後に発売された「たけのこの里」とともに、今もその人気は続いている。

◆ 多種多様化が進む

　1960年ごろにはチョコレートの消費が急増し、チョコレートの大躍進が始まりました。しかし、輸入原料を使うチョコレートは依然として高価だったため、ココアバターの代用油脂や品質のよくない代替原料を多用した値段の安いチョコレートも出回りました。一方、アーモンド入りや洋酒入りなど、消費者の嗜好に合わせた多様な製品も登場。1960年代中ごろからは、ファンシー化が進み、ユニークなネーミングと形のものが人気を集めました。そして1980年代中ごろからのハイテク時代には、エア・イン化や生クリーム入りタイプの実現に成功しました。

　戦後45年ほどの間に、多種多様化したチョコレート。品質や味は着実に進化しました。

日本人によるカカオ栽培の取り組み

　日本でカカオ豆からの一貫作業によるチョコレート生産が始まったのは1918(大正7)年(158ジー参照)。じつはこの頃から、日本人がカカオの栽培に取り組んでいたことはご存じでしょうか。カカオ栽培の主な舞台となったのは、日本統治下にあった台湾や、スマトラ、ジャワ、パラオ、ニューブリテン島など。森永製菓、明治製菓など各社がカカオの栽培研究に熱心に取り組み、適切な在来種がなかったスマトラではジャワ、セイロンから、台湾ではジャワ、ブラジルから苗を運ぶなどの苦労を重ねました。努力の結果、カカオ豆の収穫からチョコレートの生産まで成功した例もありました。これらの事業は、第二次世界大戦で中断してしまいましたが、当時の日本人が苦心の末に育成したカカオの樹は、今も現地に残っているかもしれません。

CHOCOLATE column

世界&日本 チョコレート市場あれこれ

国内外のチョコレート市場について、高級ショコラから日常的に口にする身近なチョコレートまで、全体的な動向を解説します。

1.高級ショコラ市場

◆ ショコラ（chocolat）とは

2001年ごろから、フランス、ベルギー、スイスなど海外の有名チョコレートショップが次々と日本に上陸し、チョコレート市場に新しいジャンルが誕生しました。それが日本の「高級ショコラ」市場です。ヨーロッパやアメリカで洗練されていった高級ショコラは、いよいよ日本でも身近なものとして浸透してきているといえるでしょう。

ショコラはフランス語で、英語でいうところのチョコレートのこと。ヨーロッパの職人の手によって作られた高級チョコレートは、従来のチョコレートと区別して「ショコラ」と呼ばれるようになりました。この言葉は急速に広まり、日本では「ショコラ」という言葉がチョコレート全般を表す言葉として定着した感があります。

◆ ショコラティエ（chocolatier）とは

ショコラティエもフランス語です。「ショコラティエ」には、「チョコレートを作る人」「チョコレートを売る店」という2つの意味があります。フランスやベルギーなどには街じゅうにショコラティエがあり、そこではひと粒チョコレートであるボンボンショコラが販売されています。

ヨーロッパではボンボンショコラはちょっとした手土産として日常的なものになっています。日本でクッキーやマドレーヌなどの焼き菓子を持っていくのと同様の感覚です。ヨーロッパでは焼き菓子はパン店で販売され、日常的に食べるものであり、手土産にはあまり用いられません。

きれいに包装されたボンボンショコラは気軽な手土産として最適であり、それらを求めて人々はショコラティエに足を運ぶのです。

チョコレート用語

知っておくと便利なチョコレート用語をピックアップします。

［ショコラの種類にまつわる用語］

キャラメリゼ
砂糖を煮詰めたものでコーティングされた菓子。ナッツなどが使われる。

クレミーノ
ヘーゼルナッツペースト入りのクリーミーなチョコレートで、イタリア伝統の味。

コンフィ
砂糖漬けした果物のこと。

コンフィチュール
フランス語でジャムを指す。

ショコラ・ショー
ホット・チョコレートのこと。

ピューレ
果物や野菜などを生のまま、または煮てからすりつぶし、裏ごししたもの。

パート・ド・フリュイ
果物のピューレや果汁に砂糖を加えて煮詰め、ペクチンでゼリー状に固めたもの。ペクチンゼリーとも呼ばれる。

ヌガティーヌ
水あめや砂糖を煮詰め、アーモンドなどを加えて薄くのばしたもの。ヌガー、ヌガティンともいう。

フイヤンティーヌ
クレープ生地をサクサクに焼いたようなものを指す。ボンボンショコラに素材として使用される。フリアンティーヌ、フイヨンティーヌともいう。

プラリネ
砂糖を煮詰めた糖液を、アーモンドやヘーゼルナッツにかけたもの。砕いて顆粒状にしたものや、ペースト状にしたものもある。

［ショコラティエにまつわる用語］

パティスリー
ケーキや焼き菓子の総称、またはそれを売る店。

パティシエ
フランス語で菓子職人。

シェフ
料理人を束ねるトップ。ショコラティエの世界ではチョコレート職人、パティシエの長・責任者を指す。

ショコラトリー
フランス語でチョコレート専門店。チョコレートショップのこと。スペイン語ではショコラテリア。

メゾン
フランス語では家や建物、店を意味する。チョコレート市場では、店舗のみならずブランド、メーカーも含めて考える。

スペシャリテ
メゾンがこだわりを持って作る、メゾンの顔となる作品。

M.O.F.（モフ、エムオーエフ）
1913年に創設されたフランス国家最優秀職人章の称号。フランス文化の優れた継承者と呼べる超一級の技術を持つ職人に与えられる。この称号を持つショコラティエは、22人存在する（2019年現在）。

ルレ・デセール
1981年にフランスで設立された、世界で活躍するトップ・パティシエ、ショコラティエで構成される組織。

◆ 海外＆国内の有名ショコラティエ

　ヨーロッパやアメリカが本拠地の人気ブランドが相次いで上陸した2000年以降に、日本で「ショコラティエ」ブームが巻き起こりました。その人気は衰えるどころか、ますます加熱しています。人気ブランドのなかから、日本で販売取扱店があるショコラティエを中心に、国別に紹介しましょう。

フランス

フランスで愛され続ける老舗の名門ブランド
ボナ BONNAT

フェリックス・ボナが1884年にフランス南東部で創業した、現在まで家族経営の続く名門ブランドです。カカオそのものの味、質、価値にこだわって世界各地のカカオ農園を訪れ、伝統的な機械を使い、変わらぬ製法で本物の味を守り続けています。シングルオリジンのチョコレートを初めて製造したのもボナだといわれています。

家族経営で伝承される奥深い味わい
ベルナシオン BERNACHON

1953年に創業した、リヨンで名高いショコラトリー。いち早くBean to Barに取り組み、創業当時からのビターな味わいを家族経営で守り続けています。2017年に国の無形文化財企業に認定され、2019年にはパリ出店を果たしました。金箔をちりばめた円盤形のボンボンショコラ「パレドール」が看板商品の1つとして知られています。

「人々に幸せを届けたい」がモットー
フレデリック・カッセル Frédéric Cassel

世界的なトップ・パティシエ、ショコラティエが加盟するフランス菓子協会「ルレ・デセール」の会長を長きにわたり務め、2018年名誉会長に就任。パティシエ、ショコラティエとして数々の賞を受賞。「人々に幸せを届けたい」というのがフレデリック・カッセル氏のモットー。芳醇なカカオの香りを生かしながらも、旅などで出合った食材やこだわりの食材を組み合わせたチョコレートは、ロマンとエスプリがあふれています。日本では銀座三越で展開。

ショコラばかりが見事に並ぶ、生粋のショコラトリー
ジャン=シャルル・ロシュー JEAN-CHARLES ROCHOUX

名店「ギー・サヴォワ」でデセールを担当した後、巨匠ミッシェル・ショーダン氏に10年間師事し、独立したジャン=シャルル・ロシュー氏は、修業経験のほとんどをショコラに捧げた一徹のショコラ職人。シングルオリジンに頼り切ることなく、さまざまなカカオをブレンドして使っています。パリでも行列ができるという、旬のフルーツを包み込んだ土曜日限定のフルーツタブレットが代名詞に。2018年1月、パリの街並みを思わせる東京・青山の骨董通りに日本1号店をオープンしました。

日本人のチョコレート観を変えた
ジャン=ポール・エヴァン JEAN-PAUL HÉVIN

2002年、日本1号店が伊勢丹新宿本店と広島アンデルセンにオープン。チョコレートを最適な環境に、と整えられたガラス張りの店内が話題になりました。本格的ビターチョコレートは、日本人がそれまで持っていたチョコレートの概念を変えたといわれます。M.O.F.のタイトルを持つジャン=ポール・エヴァン氏はパティシエとしての実績も多く、マカロンやケーキにも力を入れています。

伝統と革新のクリエイション
ラ・メゾン・デュ・ショコラ LA MAISON DU CHOCOLAT

「ガナッシュの魔術師」と呼ばれたロベール・ランクス氏によって1977年に創業された、パリでも憧れの対象とされている気品ある高級ショコラトリー。チョコレートクリーム入りのエクレアはここで生まれたともいわれています。2012年に、ロベール・ランクス氏の右腕として長年活躍してきた、M.O.F.ショコラティエ部門の称号を持つニコラ・クロワゾー氏が、全クリエイションの総指揮を執るシェフ・パティシエ・ショコラティエに就任。繊細な感性と巧みな技で、クリエイティブでアーティスティックな作品を追求し続けています。

カカオ豆本来の風味を引き出したチョコレートの専門店
ル・ショコラ・アラン・デュカス LE CHOCOLAT ALAIN DUCASSE

現代における著名なシェフの1人、アラン・デュカス氏。パリに次いで東京にチョコレート工房をオープンさせたのは2018年3月のこと。良質な素材を厳選し、素材本来の味わいと香りを十分に引き出すという彼の料理哲学を踏襲し、熟練のショコラティエがカカオ豆から一貫製造で、素材の風味際立つ味わいのチョコレートを作り出しています。

素材の味を追求し、シンプルに仕上げたショコラ
パスカル カフェ　Pascal Caffet

27歳の若さでM.O.F.ショコラティエとなり、フランス国家功労勲章を授与されたパスカル・カフェ氏は、多くの菓子コンクールでの受賞歴を持つ実力派シェフです。カカオ豆の産地と品種にこだわり、選りすぐりの素材を使って、それらの個性を活かしたシンプルかつ品質を追求したショコラを作り出すことが最大のこだわり。とくにプラリネショコラを得意としています。日本では日本橋髙島屋S.C.にあるショコラ・バー「パスカル カフェ」で味わうことができます。

伝統的な職人仕事と表現の調和
パスカル・ル・ガック　PASCAL LE GAC chocolatier

パリの名門ショコラトリー「ラ・メゾン・デュ・ショコラ」でクリエイティブディレクターを務めたパスカル・ル・ガック氏は、2008年に独立。以来、フランスの伝統的な製法を守りながらも自身の表現によるチョコレート作りを続け、CCCでは連続受賞しています。日本では2019年1月に東京・赤坂で世界2号店目となる「パスカル・ル・ガック 東京」をオープン。日本でも高い支持を受けています。

パリに拠点を置く日本人パティシエ
パティスリー・サダハル・アオキ・パリ　pâtisserie Sadaharu AOKI paris

フランスやスイスで8年間の修業を積んだパティシエ青木定治氏は、1998年にパリにアトリエを開設し、チョコレートを扱い始めました。2001年にパリ6区にオープンした「パティスリー・サダハル・アオキ・パリ」では、抹茶などの和素材を使ったチョコレートやマカロンなどを扱い、人気を博しています。現在ではルレ・デセール会員でもあり、日本人でありながらパリ市庁賞を授けられた唯一のパティシエです。CCCによる品評会では殿堂入りを意味する「欠かすことのできないショコラティエ賞」を連続受賞しています。2005年、東京・丸の内に日本1号店を出店しました。

斬新で芸術性の高い作品を生み出す
ピエール・エルメ・パリ　PIERRE HERMÉ PARIS

1998年、東京に1号店をオープン。ピエール・エルメ氏が作るボンボンショコラは、それまでの常識を打ち破り、まわりを覆うチョコレートを厚めに仕上げ、中のガナッシュとのコントラストがたのしめるようになっています。パティシエでもあるエルメ氏は「パティスリー界のピカソ」の異名をとり、誰も試みなかった芸術的な作品を生み出しています。

独創性と実力を兼ね備えたリヨンの名店
セバスチャン・ブイエ Sébastien BOUILLET

美食の町リヨンの代表格といえるパティスリーであり、ショコラトリーであるこのブランドが誇るのは、「柔軟であり斬新」な作品の数々。あふれる色彩も魅力ですが、「モダンさを兼ね備えながら支柱はトラディショナル」をモットーにしています。2004年当時、最年少でルレ・デセール会員となった天才肌のセバスチャン・ブイエ氏の遊び心のあるアイデアは尽きることがありません。2010年には地元リヨンにショコラの専門店もオープンしました。

フランスのアルザス地方から直輸入
セバスチャン・ユベール SEBASTIEN HUBER

「美食の都」として知られるアルザス地方の中心都市ストラスブールで、人気店「バルテルミ」のオーナーパティシエとして活躍するセバスチャン・ユベール氏。カカオ分の異なる多様なショコラをベースにしたマカロンはしっとりとした独特な食感と味わいで人気です。

ベルギー

看板商品は「ヘーゼルナッツプラリネ」
ブリュイエール BRUYERRE

1909年創業のベルギーの老舗。現在も、熟練した職人によって保存料を一切使わない創業当時のレシピのまま、1つ1つのチョコレートが丁寧に作られています。ブランドの顔となっているのは、香ばしく炒ったヘーゼルナッツをたっぷり使った「ヘーゼルナッツプラリネ」です。

ダイヤモンドの形をしたダイヤモンドショコラで有名
デルレイ DelReY

1949年にベルギー・アントワープで創業。1983年にベルナール・プルート氏がオーナーシェフとなり、現在は息子のヤン・プルート氏とともに製造にあたっています。親子でルレ・デセールのメンバーでもある両氏は、ダイヤモンド型などのショコラをフルーツやナッツなどの素材を使って伝統的な製法で作り続けています。現地の味をそのままにアントワープ本店より直輸入されたショコラは、2022年に移転してリニューアルオープンした銀座本店とオンラインショップ、2023年4月にオープンしたそごう横浜店で購入できます。

日本における高級チョコレートの代名詞
ゴディバ GODIVA

1926年に創業。日本における高級チョコレートの先駆者であり、今なお高級チョコレートの代名詞ともなっています。使用するのは、厳選したカカオ。高度な技術で独自の味を追求し、モールド（流し型）を使った見た目にもたのしい多種多様な形のチョコレートなどで世の多くのチョコレートファンを喜ばせています。

ひと粒ずつ気軽にたのしめる量り売り
レオニダス Leonidas

1913年、ギリシャ人の菓子職人であるレオニダス・ケステキディス氏が創業。フレッシュなチョコレートをひと粒から気軽にたのしんでもらうために量り売りを始め、一躍人気メゾンの仲間入りを果たしました。ホワイトチョコレートが人気で、徹底的に湿度・温度管理がなされ、空輸で日本に届けられています。

ベルギー王室御用達の老舗ブランド
マダム ドリュック Madame Delluc

創業者マリー・ドリュックが、王族や国王のもとを訪れる貴族などが行き交うベルギー・ブリュッセルのロワイヤル通りに店を開いたのは1919年のことです。極秘のレシピで手作りされるチョコレートはもちろん、アールデコ様式のティーサロンを設け、顧客の好みを記したゲストブックを保管するなどの繊細な気配りで、ハイソサエティーの愛好家を満足させるブランドとなりました。1942年にはベルギー王室御用達の称号を授与され、現在に至るまで保持し続けています。

最高のカカオにこだわる、Bean to Barの先駆者
ピエール マルコリーニ PIERRE MARCOLINI

ピエール・マルコリーニ氏が1995年に創業。創業以来、自ら農園を訪ねてカカオ豆を探し、ベルギーのアトリエに運んで選別、ロースト、磨砕、混合、精練のすべてを手がけています。厳選された原料から作られるクーベルチュールは「ブリュッセルの宝物」と呼ばれて、スイーツとしてだけでなくドリンクなどでもたのしめます。2015年にはベルギー王室御用達ブランドの栄誉を授かりました。

日本の技術者がベルギーに出向き、製造方法などを習得
ヴィタメール WITTAMER

1910年創業のベルギー王室御用達認定ブランド。創業者であるアンリ・ヴィタメール氏の「目の届く範囲だけに手作りの味を届けたい」という思いから、創業以来ベルギー本店で作り続けてきました。その後、1990年の大阪出店を皮切りに日本で展開。チョコレートのみならずケーキや焼き菓子も扱い、日本の技術者がベルギーに出向き、製造方法などを習得しています。

オーストリア

現代にウィーン伝統の味を伝える
デメル DEMEL

かの神聖ローマ帝国を統治したハプスブルク家の紋章をブランドマークに、1786年の創業から230年以上の歴史を持ち、皇帝フランツ・ヨーゼフ1世にも愛されたといわれている老舗洋菓子舗。デメルを代表するザッハトルテをはじめ、華麗で上品なチョコレートは、世界の人々に愛され続けています。日本では1988年にデメル・ジャパンが設立、美しくロマンチックなパッケージはウィーン本店のデザインをモチーフに独自の色調で展開しています。

スイス

なめらかなチョコレートを作る機械を発明
リンツ Lindt

薬剤師の息子、ロドルフ・リンツ氏は1879年に、口の中でとろけるようななめらかなチョコレートを作るための「コンチング」という画期的な技法と機械を発明。チョコレート製造において後世につながる偉大な功績を残しました。以来、リンツの名はなめらかにとろけるチョコレートの代名詞となり、現在では178年の歴史を誇り、世界120カ国以上で愛されるプレミアムチョコレートブランドとなっています。

看板は「シャンパントリュフ」
トイスチャー teuscher

1930年代創業のスイスの老舗。世界各地から素材を集め、長年にわたる試行錯誤を重ねたすえ、他に類を見ないチョコレートが誕生しました。トイスチャーを代表するとろけるような食感とシャンパンの香気がリッチなチョコレートは、高級シャンパンを練り込んだクリームをチョコレートで覆った「シャンパントリュフ」。

イタリア

ブルガリのチョコレート専門店
ブルガリ イル・チョコラート BVLGARI IL CIOCCOLATO

イタリアを代表する世界的ジュエラー、ブルガリが手がけるチョコレート専門店。専属ショコラティエの巧みな職人技によって、ひと粒ひと粒、丁寧にハンドメイドされたチョコレートは、チョコレート・ジェムズ（宝石）と呼ばれます。イタリアならではの食材と日本の食材を組み合わせ、それをチョコレートでまとめあげていくオリジナルなスタイルによって生み出されたチョコレートは、味覚と視覚の双方を魅了します。

ヘーゼルナッツとカカオを配合した「ジャンドゥーヤチョコレート」
カファレル Caffarel

1826年、イタリア北部の町トリノで創業。ローストしたヘーゼルナッツのペーストとカカオを配合した「ジャンドゥーヤチョコレート」を1865年に開発。型を使わない独自の製法で1つ1つ丁寧に仕上げたチョコレートは、豊かな香りとベルベットのようななめらかな口どけが特徴で、今でも世界中のグルメ愛好家に愛され続けています。

華やかなパッケージに包まれた伝統と革新
ヴェンキ Venchi

1878年にピエモンテで創立。この地の伝統的チョコレート、ジャンドゥイオットが代表作です。ヘーゼルナッツやピスタチオなどイタリアらしい食材をふんだんに使用し、伝統を守りながら革新的なレシピを生み出し、人気を得ています。世界の主要都市に175店舗を構える現在も、チョコレートはイタリアの工場だけで職人の手で作られています。

スペイン

スペイン・バルセロナの高級パティスリー
ブボ・バルセロナ bubó BARCELONA

2005年の誕生以来、独創的かつ繊細なデザートの世界を追求。厳選された材料を使用し、素材本来のナチュラルなおいしさを活かした奥深い味わいのチョコレートや、専任のデザイナーが生み出す精巧でデザインコンシャスなパッケージなど、繊細さと革新性に磨きをかけ、バルセロナのファンの感性を魅了し続けています。

バルセロナに本店を構えるスペイン王室御用達のショコラテリア
カカオ サンパカ CACAO SAMPAKA

カカオ輸入会社のネダーランドが、1999年にブランドを立ち上げました。カカオの選別からチョコレートの製造に至るまでを手がけており、古代アステカ帝国の王やスペイン王室に愛されてきた、王のカカオと呼ばれる「ショコヌスコ®」をはじめとする、希少なカカオの再生への協力やカカオ農園を支援する活動も行っています。

イギリス

革新的に展開し、既成概念にとらわれない
ホテルショコラ HOTEL Chocolat

カリブ海のセントルシアにホテルとカカオ農園を所有し、イギリス国内に多数の店舗を持つこのブランドは、1993年にチョコレートのオンラインショップとしてスタートし、2004年にロンドンで1号店をオープン。カカオを使ったビューティー商品の販売やカフェを展開。日本では2018年に1号店をオープン、全国に店舗を拡大し、日本限定商品も発売しています。

アメリカ

生産地、自社精製にこだわった高品質のカカオを使用
マリベル MARIEBELLE

創業者であり、ニューヨーク本店の店主であるマリベル・リーバマン氏が2000年に設立。ニューヨークセレブ御用達のショコラトリーです。マリベル氏の出身地、ホンジュラスの契約農場が育てた高品質のカカオをニューヨークの自社工場で精製するというこだわりで、チョコレートの魅力を引き立てます。日本にはニューヨーク本店と同じ味が空輸などで届けられています。

日本

「美しい苦味」を店名に掲げ、日本に合うショコラ作りに挑戦
ベル アメール BEL AMER

気候・湿度の変化の激しい日本で質の高いショコラを作るため、温度・湿度を厳密に管理したショコラ専門のアトリエで、ショコラティエが1つ1つ丁寧に手作りしているベルアメール。店名はフランス語で「美しい苦味」という意味。日本に合うショコラを目指し、四季ごとに替わる季節限定品やイベント商品など、ショコラで季節を彩ります。

鍵がモチーフ、扉を開けば隠された静かな創造性が
キャギ ド レーブ Cagi de rêves

キャギは鍵をフランス語風に発音した造語で、ブランド名は「夢の（扉を開く）鍵」。大阪のUHA味覚糖本社に、国際的なデザイナーの森田恭通氏がデザインした、チョコレートがモチーフの格子組みで囲まれたショップがあります。鍵をモチーフとしたタブレットやボンボンショコラは、2007年のオープン当初から主にマダガスカル産カカオにこだわったチョコレートを使用しています。

高度な技術と上質な素材のチョコレートを身近に
ショコラトリー ヒサシ Chocolaterie HISASHI

「クラブハリエ」に15年間所属し、製菓の国際コンクールのWPTCやワールドチョコレートマスターズなどの大会で結果を出してきた小野林範氏が、2018年4月、京都に独立店をオープン。世界大会に出品したボンボンショコラはもちろん、定番からオリジナル商品までが店頭に並びます。「確かな知識と技術力によるチョコレートのおいしさを、身近に感じるチョコレート作り」がモットーです。

シンプル、ピュア、ナチュラルがモットー
ショコラティエ ラ・ピエール・ブランシュ　Chocolatier La Pierre Blanche

神戸に2店舗を持つこの店のオーナーシェフは白岩忠志氏。2003年にオープンし、神戸界隈のショコラトリーの草分け的存在。有名レストランやパティスリーでの豊富な修業経験をもとに、季節感やトレンドを意識して作られたチョコレートが人気です。また、和素材には個性の強すぎない日本のクーベルチュールを合わせるなど、「考えてわかる」のではなく「食べて感じる」おいしさを大切にしています。チョコレートと並んでフランス全土の郷土菓子を提供していることも魅力の1つ。

カカオ豆から自家製ショコラを手がける
ショコラティエ　パレ ド オール　CHOCOLATIER PALET D'OR

フランスのショコラティエ、故モーリス・ベルナシオン氏の薫陶を受け、シェフ三枝俊介氏が2004年に立ち上げたチョコレート専門店。チョコレートとアルコールのマリアージュブームの火付け役ともなりました。ガナッシュ作りの要となる乳化作業を丹念に行うなど1つ1つの作業を丁寧に手がけ、香りと味を追求しています。2014年よりカカオ豆から自家製のショコラを手がけ、産地別タブレットのみならずガナッシュなどにも使用しています。

フランス人の感性で作る日本人のためのショコラ
クリオロ　CRIOLLO

プロヴァンス出身のシェフ、サントス・アントワーヌ氏は、「ヴァローナ・ジャポン」（東京）をはじめとする名店で技術指導やレシピ開発などを務めました。その後「世界パティスリー2009」において最優秀味覚賞を受賞。2017年には、サロン・デュ・ショコラに初出展で金賞・アワードを獲得、2018年にも2年連続で金賞を受賞。2019年には「世界のベスト・オブ・ベスト ショコラティエ100」に選出されました。「身近な贅沢」をブランドコンセプトに、上質で親しみやすいスイーツを提供しています。

華やかで見た目もたのしいチョコレートを提供
デカダンス ドュ ショコラ　Décadence du Chocolat

2002年のオープン当初より、ショコラトリーとしての認知を獲得するデカダンス ドュ ショコラ。最高級クーベルチュールやリキュール、ナッツ、フルーツ、スパイスなどを使用した独創的な作品は、すべて東京・茗荷谷のファクトリーにてショコラティエたちが1つ1つ丁寧に手作りしています。見た目だけでなく、素材のよさ、口当たりや歯応えなど、食感にもこだわりを持たせた作品作りがなされています。

信条は、日本人が食べておいしい味わいを作ること
エクチュア Ek Chuah®

「エクチュア」の信条は、「ヨーロッパのようにカカオの風味が豊かでありながら、日本人好みのまろやかさと繊細さが調和したチョコレートを作る」こと。原料には高品質なベルギー産クーベルチュールを使用。1986年に大阪で創業して以降、さまざまな形で多くのチョコレート商品を世に送り出しています。

加工製造卸販売からスタートし、専門店をオープン
グランプラス GRAND-PLACE

ベルギー産クーベルチュールを輸入し、加工製造卸販売を営みながら、2005年にショコラトリーをオープン。カカオの香りと深みのバランスを重視し、日本人の味覚に合わせて丁寧に作り上げています。米菓やお茶、国産果物などベルギーチョコレートと「和」の素材のコラボレーションが注目を集め、ブランド商品「伊予柑ピールチョコ」はモンドセレクション2023で8年連続優秀品質金賞を受賞しています。

ダンディズムを"愉しむ"大人向けのショコラ
ジョンカナヤ JOHN KANAYA

ダンディズムに生きた鬼怒川金谷ホテル創業者、ジョン金谷鮮治氏の美意識を継承すべく生まれたチョコレートブランド。アルコールはハイクラスのものを惜しみなく使い、風味をダイレクトに打ち出しています。ボンボンショコラには封蠟を模したチョコレートが飾られ、象徴的アイテムである葉巻形のショコラは、ガナッシュをフルボディの赤ワインで仕上げた名品です。

チョコレートを主軸にした実力派パティスリー
ラヴニュー L'AVENUE

ワールドチョコレートマスターズ優勝の経歴を持つシェフ平井茂雄氏。「カカオバリー」のアンバサダーを務め、2012年、神戸でチョコレートに力を入れたパティスリー「ラヴニュー」を開店しました。店に並ぶのはモダンな輝きをたたえたクラシカルなフランス菓子とチョコレートの数々。味は重層的でありながら、それぞれがスッキリと後を引かずに消え、段階的に味わえる、それが平井シェフの菓子作りのコンセプトです。

個性が光る和素材の演出
ル ショコラ ドゥ アッシュ LE CHOCOLAT DE H

洋菓子の世界大会で多くの優勝歴があるパティシエ・ショコラティエの辻口博啓氏が手がけるショコラトリー。世界中のカカオの香りや味わいを日本の素材、文化と融合させてひと粒のショコラに込め、世界へ発信。味噌、日本酒、ほうじ茶、納豆などの和素材を使ったショコラは世界大会で7回連続最高評価を獲得。2022年にペルーに自社農園を取得。栽培、発酵、乾燥まで徹底管理した高品質のカカオ豆から、専用に開発した焙煎機で1枚のタブレットを作り上げる日本発のFarm to Barブティックです。

本格フランス菓子をBean to Barで味わえる
レ・カカオ LES CACAOS

シェフの黒木琢磨氏は、老舗「ストレー」や「フォション」などパリの名門パティスリーで約7年修行を積み、帰国後は「ピエール・マルコリーニ」にシェフパティシエとして迎えられ丸7年を過ごした、パティシエでありショコラティエです。2016年11月にショコラトリーをオープン。ローストから手がけたカカオ豆を用い、チョコレート製品だけでなく生ケーキにも贅沢に使用しています。

「生産者の生活を守る」というポリシーが土台となった深い味わい
マジ ドゥ ショコラ MAGIE DU CHOCOLAT

東京・自由が丘に店を構える松室和海氏のブランド。カカオ豆の生産地における土壌や発酵環境および品質管理の徹底など、「生産者の生活を守る」というポリシーを基盤にチョコレート作りを行っています。そのモットーはトレンドを気にせずに自分が作りたいものを作ること。2019年、初のサロン・デュ・ショコラ出展を果たしました。

ヨーロッパ生まれ、京都育ちのチョコレートを研ぎ澄まして
マールブランシュ加加阿365 Malebranche cacao365

京都の洋菓子店として知られる「京都北山 マールブランシュ」が手がける、「加加阿のある暮らし」を楽しむブランド。繊細さや深みの奥に京の匠ならではの挑戦や遊び心を感じさせる、日本人の五感に響くチョコレートを目指しています。店名と同じ名を持つ看板商品「加加阿365」は365日日替わりで"紋"が異なるチョコレート。なるべく火入れをおさえた、とろける生ケーキのような口どけが人気です。

クーベルチュールの優秀な使い手
マ・プリエール Ma Prière

猿舘英明氏はパリの名門店「ミッシェル・ショーダン」出身。2006年にこの独立店を開店させました。国際コンクールでも数々の受賞歴を持ち、100種類以上のクーベルチュールを使いこなすチョコレート使いの名手と呼ばれています。本店には120種類ものボンボンショコラが並び、生菓子の8割がチョコレートケーキという圧巻の品揃えを誇ります。2014年のサロン・デュ・ショコラで発表されたCCCの「sélection Japon」（日本部門）では5タブレットを獲得しました。

お菓子を通して、想いを贈る
メリーチョコレート Mary Chocolate

戦後間もない1950年、東京・青山の洋菓子メーカーとして生まれたメリーチョコレート。1958年に百貨店で初めてバレンタイン催事を実施した老舗です。シンボルマークであるかわいらしい少女の横顔は、お菓子を通して世界中を笑顔にしたい、そんな想いの表れです。2016年サロン・デュ・ショコラでトーキョーチョコレートのブランドが最も栄誉あるCCCアワードを受賞し、2018年は3年連続金賞を受賞、2022年にはメリーチョコレートがインターナショナル チョコレート アワーズ世界大会で金賞を受賞しました。

薔薇の形のチョコレートにメッセージを込めて
メサージュ・ド・ローズ　MESSAGE de ROSE

贈り物に人気のある薔薇の花の形をした可憐で華やかなチョコレート、それが1989年に誕生した「メサージュ・ド・ローズ」です。薔薇の花びらを本物のように繊細な形に表現することは大変難しく、完成までに5年もの歳月を費やしたといいます。味にもこだわったクーベルチュールを使っています。

日本人のためのショコラを追い求める
モンロワール　Mon Loire

1988年に神戸で創業し、西日本を中心に展開しています。看板商品は口どけなめらかな「生チョコレート」と、葉っぱの形がかわいらしい「リーフメモリー」。ヨーロッパに比べるとチョコレートを食べる機会はまだ少ない日本でも、日常的にたのしんでほしいという思いから生まれた、量り売りのカラフルな割れチョコレート「ラヴィアンショコラ」も人気。商品作りにおいても、常に新しい気持ちでチョコレートに向き合うことを心がけています。

チョコレートの博物館を目指す
ミュゼ ドゥ ショコラ テオブロマ　MUSÉE DU CHOCOLAT THÉOBROMA

フランスでの修行経験もある日本を代表するショコラティエ、土屋公二氏が1999年にオープン。店名には「チョコレートの博物館と呼ばれるような店を作りたい」という深い思いが込められています。2015年のCCCでは外国人部門最優秀味覚賞、2022年インターナショナル チョコレート アワーズ世界大会では金賞を受賞。2016年から2年間、JICAの協力のもと、マダガスカルの小規模カカオ農家にカカオ豆の発酵、乾燥技術の指導を行いました。現在はその農家が作ったカカオ豆を使用したチョコレートを販売しており、マダガスカルの農家への支援を続けています。

フレーバーのかけ合わせが絶妙。新しい味覚のショコラたち
ナカムラチョコレート　Nakamura Chocolate

日本人ショコラティエール、中村有希氏が2010年にオーストラリアのパースにて開業。オーストラリアの先住民族アボリジナルの伝統食ブッシュフードとの出合いが、繊細さと斬新さを兼ね備えた彼女のクリエイティビティをより進化させました。2017年、神戸・岡本に本店をオープン。ブッシュフードを用いたオーストラリアンセレクションのほか、和をイメージしたナカムラセレクション、バランスのとれた洗練ショコラを厳選したタークセレクションを展開しています。

ショコラの本質に迫る孤高のパティシエ
ナオミ ミズノ　NAOMI MIZUNO

ワールドチョコレートマスターズの優勝者、水野直己氏のブランドです。代表作「杏と塩」には熱狂的なファンも。父から引き継いだ「洋菓子マウンテン」は、現在、フランスの片田舎を思わせる京都府福知山市にあります。ショコラに特化したスペースを併設し、「普通なのにおいしい」ショコラ作りに専念しています。

「おいしい感動を伝えたい」が信条
パティスリー ジュンウジタ　PÂTISSERIE JUN UJITA

東京・銀座や神奈川・葉山の名店や、「パティスリー・サダハル・アオキ・パリ」フランス店などで修業を重ねた後、神奈川・鎌倉の「パティスリー雪乃下」を人気店に育て上げたシェフ宇治田潤氏の独立店。見た目の美しさよりも味わいを重視し、一から手作りするBean to Barのチョコレートは、自身の求める味にブレンドして使っています。2019年にはサロン・デュ・ショコラに出展を果たしました。

彗星のごとく現れ、さらなる高みを目指す
パティスリー・ラ・ベルデュール　Pâtisserie La Verdure

オーナーシェフの服部明氏は近年、ジェラートワールドツアーの世界大会に出場したり、CCCの最高位を連続受賞したりと目覚ましい活躍を見せています。ブーランジェリーに次いでオープンさせた3店舗目こそ、ジェラテリアを兼ねたショコラトリー。珠玉のボンボンショコラなど、さまざまなチョコレート製品が並びます。2020年にはJR横浜タワーCIAL横浜内B1に「ブルーカカオ」をオープンしました。

味覚の錬金術師と評されるショコラティエ
パティシエ エス コヤマ　PATISSIER eS KOYAMA

洋菓子職人を生業とする父のもと、京都で生を受けたオーナーシェフ小山進氏。2003年、兵庫県三田市にパティシエ エス コヤマをオープン。ショコラティエとして2011年のサロン・デュ・ショコラ初出展以来、パリやニューヨーク、ロンドンで開催されている国際的なコンクールで最高評価を得るなど、国内のみならず世界から注目を集めています。

シェフ自ら生産地に足を運んで作るこだわりのショコラ
プレスキルショコラトリー　PRESQU'ÎLE chocolaterie

シェフの小抜知博氏は都内ショコラトリーで修業後、フランス人シェフのステファン・ヴュー氏に師事。ザ・リッツ・カールトン東京などを経て現在に至ります。カカオ農園にも足を運び、自社アトリエでカカオ豆からBean to Barの新しい世界を表現しています。2020年NIKKEI STYLE「グルメクラブ」のフォンダンショコラ・ランキング第1位。インターナショナル チョコレート アワーズ アジア・パシフィック大会2020、2023年で銀賞、特別賞を受賞しました。

Bean to Barにいち早く取り組み、なめらかさ、口どけ、風味の一体化を追求
サンニコラ SAINT NICOLAS

石川県内にパティスリー、チョコレート専門店、ベルギーワッフルとジェラートの店を幅広く展開する人気店です。タブレット、ボンボンショコラ、ソフトクリームなどのチョコレート商品に力を入れつつ、Bean to Barのチョコレートをケーキにも多用し、こだわりを貫いています。チョコレート専門店は金沢に位置し、シックな店舗デザインが古都の雰囲気に調和していると評判です。

和と洋から生まれる忘れられない味を
サロンドロワイヤル Salon de Royal

1935年創立の製菓会社から販売部門が独立、1998年、「サロンドロワイヤル」に社名変更するとともに自社ブランドが誕生しました。2012年には鴨川沿いにラグジュアリーな京都本店をオープン。和洋をかけ合わせて生まれたショコラは、2017年のCCCにおいて最高位の評価を受け、2018年にはアワードエクセレンスを受賞しました。

エクアドルのトシ・ヨロイヅカ・カカオファームでカカオを栽培
トシ・ヨロイヅカ Toshi Yoroizuka

オーナーシェフの鎧塚俊彦氏がエクアドルにカカオ農園を開き、そこで栽培したカカオ豆でBean to Bar商品を展開。同じ豆を異なるロースト時間で仕上げたタブレットやカカオの風味を生かした低ローストのタブレットがあり、ナッツやフルーツ味のほか、驚きの昆布味もあります。

上質で確かな味わい、「ショコラ・フレ」
和光 WAKO

日本にチョコレート専門店がまだ少なかった1988年、銀座の時計塔で知られる和光が、アトリエを併設した専門店をいち早くオープンさせました。現在は本店の並びにある和光アネックス1階 ケーキ&チョコレートショップで販売しています。ボンボンショコラを「フレッシュなチョコレート」を意味するフランス語、「ショコラ・フレ」と呼び、そのマイルドな味わいは、長きにわたり多くの人に愛され続けています。気品漂うフロアでゆっくりと買い物ができるのも魅力です。

ハーブ、スパイス、中国茶までをも昇華させる達人技
ドゥブルベ・ボレロ W.Boléro

神奈川・鎌倉にて三輪壽人男氏のもとで4年間修業。2004年に滋賀県で独立したパティシエの渡邊雄二氏はさまざまなヨーロッパ菓子を作りますが、なかでもショコラは得意分野。和洋のあらゆる食材を縦横無尽に取り入れて、山椒、ほうじ茶のような難しい素材でも驚きのクオリティーに仕上げます。2015年からCCCの最高位を連続受賞。2019年「世界のベスト・オブ・ベスト ショコラティエ100」に選出されました。

◆ ショコラの権威あるソサエティーやコンクール

　作り手の技術向上、また消費者の製品選びの指標になることを目指し、欧米にはチョコレートの国際的なソサエティーやコンクールが存在します。ここでは世界のショコラティエが注目するソサエティーやコンクールの一部を紹介します。

CCC

　「CCC」はショコラ愛好家のクラブ。「チョコレートをかじる人たちのクラブ」という意味のフランス語「Club des Croqueurs de Chocolat（クラブ デ クロクール ド ショコラ）」の頭文字を取って、英語では「シーシーシー」、フランス語では「セーセーセー」と呼ばれています。毎年発行されるガイドブックには、応募されたチョコレートの評価が掲載されています。

CCCのガイドブック

　2023年は昨年同様にガイドブックが発行され、ボンボンショコラについては「sélection France」（フランス部門）と「sélection Etranger」（外国部門）に分けて、「金」「銀」「銅」の3段階で評価。タブレット（板チョコレート）型のマークで示されるため、例えば金賞は"ゴールドタブレット"とも呼ばれます。「Tablettes」の部門では板チョコレートについての賞も授与されました。その授賞式がサロン・デュ・ショコラにて行われ、日本から参加した受賞者がステージに上がり、笑顔で表彰状を受け取る場面も見られました。

　今回、金賞を受賞した日本のブランドは以下のとおりです。
- CARAMEL E CACAO（キャラメル エ カカオ）
- CRIOLLO（クリオロ）
- ES KOYAMA（パティシエ エス コヤマ）
- GINZA SEMBIKIYA（銀座千疋屋）
- LE BONBON ET CHOCOLAT（ボンボンショコラ）
- LE CHOCOLAT DE H（ル ショコラ ドゥ アッシュ）
- QUATRE EPICE（キャトルエピス）
- TAKASU（ショコラトリータカス）
- THEOBROMA（テオブロマ）
- W.BOLERO（ドゥブルベ・ボレロ）

さらに、外国部門ではQUATRE EPICEがアワード（特別賞のような賞）を受賞しました。

インターナショナル チョコレート アワーズ

　2021年に創設され、チョコレートのテイスティングや評価、ファインチョコレート関連のイベントの運営に長年の経験を持つ国際的なパートナーとともに、IICCT（International Institute of Chocolate and Cacao Tasting：チョコレートの専門家や愛好家に対して、チョコレートに関する知識を深めるとともに、世界初のチョコレートテイスティングの認定資格を提供している組織）が運営しています。INTERNATIONAL CHOCOLATE AWARDS（インターナショナル チョコレート アワーズ）の審査員は、テイスティングの専門家やIICCTの卒業生から選ばれています。

　インターナショナル チョコレート アワーズのコンペティションは、アメリカ、カナダ、アジア・パシフィック、英国、フランス、ベネルクス、DACH（ドイツ／オランダ／スイス）、イタリア／地中海、スカンジナビア、東欧、中東、アフリカといった世界の多くの国や地域で「Bean-to-Bar and Craft Chocolatier Competition」または「Craft Chocolatier Competition」が開催されています。また、コロンビア、ペルー、中米などカカオ産地を中心に「Cacao Country Support Competition」が行われています。

　Bean to Bar部門では「Plain/origin bars（プレーンタイプの板チョコレート）」「Flavoured bars（フレーバー系の板チョコレート）」、Craft Chocolatier部門では、「Ganaches, palets, ganache pralines and truffles（ガナッシュやプラリネ、トリュフなど）」「Nuts（ナッツ系のチョコレート）」「Caramels/Fruits/Sugar/Butter/Cream（キャラメル、フルーツ、フォンダンなど）」「Spreads（スプレッド）」などの製品でエントリーできます。

　この大会に参加するすべてのチョコレートは、原産地が明記され、トレーサビリティー（生産履歴の追跡）のあるカカオから作られなければなりません。原産地の詳細は、各製品をエントリーする際に応募者が提供する必要があり、機密情報として扱われます。Bean to Barではないクーベルチュールを使用した製品についても、チョコレート製造者から詳細を入手する

インターナショナル チョコレート アワーズの表彰状

など原産地を明確にすることが求められるようになりました。

　そのほか、各部門のなかにはさらに細かい分類があります。たとえば、プレーンタイプの板チョコレート部門のなかには、ダーク、ミルク、ホワイトの分類のほか、小規模製造の「Micro-batch」や、代替原材料を使用した「alternative ingredients」のカテゴリもあります。

　各部門でGold（金賞）、Silver（銀賞）、Bronze（銅賞）の3つの賞が選ばれ、その大会のなかで最も評価が高い「‘Best in competition’ overall winners」など特別賞のようなものも授与されます。各地域の大会で金銀銅のいずれかを受賞した商品だけが、その年の世界大会へ進むことができます。受賞商品には、「インターナショナル チョコレート アワーズ」のロゴマークが授与され、受賞者はそれを商品に貼付し、消費者へアピールすることができます。

　2023年の大会も前年に続き各地でリモート審査を中心に行われ、各地域の授賞式もヴァーチャル（オンライン）で行われました。審査員が順番に結果を発表し、アワードを受賞したブランド担当者がインタビューに答える様子は、消費者に向けてSNSでもライブ配信されました。

〈参考〉2023年　アジア・パシフィック大会の結果
https://enter.chocolateawards.com/competitions/asia-pacific/asia-pacific-bean-to-bar-craft-chocolatier-competition-2023-winners/

アカデミー オブ チョコレート

　2005年に英国で創設された、チョコレートプロフェッショナルによる品評組織です。「ファインチョコレート」といえるチョコレートに対しての評価や啓発を中心に活動しています。2005年から毎年または隔年で開催され、2023年が15回目のコンペティションでした。Bean to Barほかフレーバー系の板チョコレートや、Bean to Barではないクーベルチュール・チョコレート、Filled Chocolate（中身入りのチョコレート）、チョコレートドリンクやスプレッドも審査対象となっています。Bean to Bar部門のなかでも「プレーン」カテゴリはシンプルなものだけが対象で、塩やバニラ、カカオニブが入ったものは、Bean to Bar

のなかのフレーバー系商品とみなされます。

　各部門でGold（金賞）、Silver（銀賞）、Bronze（銅賞）の３つの賞が選ばれます。板チョコレートと、ボンボンショコラなどその他製品は分けて審査されます。2023年、板チョコレートは主にリモート審査で行われました。

〈参考〉2022年タブレット部門の結果　ロゴマーク
https://academyofchocolate.org.uk/awards/2022/

◆ ベルギーに拠点を置く味覚審査の機関

International Taste Institute（旧iTQi）

　International Taste Institute（2019年にiTQiから名称変更）は、ベルギー・ブリュッセルに本部を置く機関。チョコレートだけではなく、世界の食品や飲料品の「味」を審査し、優れた製品を認定・表彰しています。

　Maîtres Cuisiniers de France（フランス料理最高技術者協会）、Académie culinaire de France（フランス料理アカデミー）など、ヨーロッパで最も権威ある20のシェフやソムリエの協会と提携し、そのメンバーである200人以上のシェフやソムリエによって審査員が構成されています。

　世界各国から応募されるさまざまな食品、飲料品は、パッケージを取った状態で、第一印象、見た目、香り、テクスチャー、味などの項目について審査が行われます。受賞製品には、次に記載する1ツ星から3ツ星のSuperior Taste Award（優秀味覚賞）が授与されます。

ロゴマーク（3ツ星）

★★★	極めて優秀な製品：総合評価 90％以上	
★★	特記に値する製品：総合評価 80％以上 90％未満	
★	美味しい製品：総合評価 70％以上 80％未満	

2. チョコレートの一般市場

◆ 世界でいちばんチョコレートを食べる国は？

チョコレートは世界中で食べられています。国別にどれほど違いがあるのか、チョコレートの一般市場をデータから見ていきましょう。

2021年のデータを見ると、世界中で**1人当たりのチョコレート消費量が最も多い国はスイス**で、年間に9.6kgを消費しています。**日本の年間消費量は2.2kg**ですので、スイスの人々は日本人の4倍以上のチョコレートを食べていることになります。日本における一般的な板チョコレートが1枚50gですから、そこから換算すると、スイス人は1年間で約190枚に相当するチョコレートを消費しています。

日本でチョコレートが最も売れるのは2月です。わが国ではバレンタインの時期に集中してチョコレートを食べたり買ったりする習慣が定着しています。しかし、このところのショコラブームもあり、生活のなかでチョコレートを気軽にたのしむことがより身近になりつつあります。それでも日常的にチョコレートをたのしむ習慣を持つ欧米の人たちとは、量においてまだまだ隔たりがあります。

（引用:日本チョコレート・ココア協会HP、資料:国際菓子協会、欧州製菓協会、全日本菓子協会）

● 1人当たりのチョコレート年間消費量（2021年）※単位 kg

1位	スイス	9.6
2位	ドイツ	9.2
3位	エストニア	8.8
4位	デンマーク	8.7
5位	フィンランド	8.1
6位	ベルギー	5.8
7位	リトアニア	5.4
8位	チェコ	5.1
9位	スロバキア	4.8
10位	ルーマニア	4.1
11位	スペイン	4.0
12位	クロアチア	3.5
12位	ポルトガル	3.5
14位	ラトビア	3.4
15位	スウェーデン	3.3
16位	イタリア	3.1
17位	アイルランド	2.4
18位	日本	2.2
18位	フランス	2.2
18位	ハンガリー	2.2
21位	ギリシャ	1.0

◆ 世界でいちばんチョコレートを生産する国は？

チョコレート年間生産量のナンバー1は、2位を約84万トン引き離して**ドイツ**です（2021年時点）。ヨーロッパ勢が上位を占めるなか、日本は第3位と大健闘しています。

一方、ハーシーをはじめ、多くのチョコレートを発売するアメリカがランキングには見当たりません。2010年に約159万トンと世界トップの生産量を誇っていたアメリカですが、2011年以降はデータを発表していないというのがその理由です。

●国別・チョコレート国内生産量 （2021年）

※単位　トン

1位	ドイツ	1,219,055
2位	イタリア	377,860
3位	日本	244,110
4位	ベルギー	241,575
5位	スペイン	163,905
6位	スイス	162,984
7位	ポーランド	156,090
8位	フランス	61,535
9位	フィンランド	35,085
10位	リトアニア	31,250
11位	チェコ	28,855
12位	スウェーデン	27,105
13位	デンマーク	25,245
14位	オランダ	24,960
15位	オーストリア	18,905
16位	クロアチア	18,430
17位	ルーマニア	17,805
18位	ハンガリー	12,055
19位	スロバキア	7,470
20位	エストニア	7,015
21位	ノルウェー	5,010
22位	ブルガリア	1,500
23位	アイルランド	1,095
24位	ポルトガル	925
25位	ギリシャ	550
26位	ラトビア	10

（引用：日本チョコレート・ココア協会HP、資料：国際菓子協会、欧州製菓協会、全日本菓子協会）

◆ 日本人のチョコレート年間支出額は？

日本でのチョコレート消費量は欧米に比べるとかなり少なくなっています。これは、日本人が甘いものを控えているからではなく、チョコレート以外の菓子類が豊富に存在することが一因として考えられます。

1世帯当たりの菓子類の品目別年間支出金額で見ると、チョコレートも健闘していますが、アイスクリーム・シャーベット、ケーキなどの洋生菓子のほか、和菓子も人気が高いことがわかります。

● 1世帯当たり品目別年間支出金額（全国）

（2020～2022年の平均）　　　　　　　　※単位　円

1位	アイスクリーム・シャーベット	10,369
2位	ケーキ	7,511
3位	チョコレート	6,708
4位	せんべい	5,783
5位	スナック菓子	5,456
6位	ビスケット	4,082
7位	キャンデー	2,230
8位	チョコレート菓子	2,172
9位	ゼリー	2,028
10位	プリン	1,722
11位	まんじゅう	863
12位	カステラ	801
13位	ようかん	677
	他の和生菓子	8,642
	他の洋生菓子	9,092
	他の菓子	21,231
	菓子類	89,367

（引用:総務省統計局HP）

甘くない、日本のお菓子市場の争い

2009年の日本の菓子の小売金額ランキングでは、1位が和生菓子で小売金額は5040億円、2位が洋生菓子で4610億円、チョコレートが4180億円で3位でした。翌年は順位に変わりがありませんでしたが、2011年にはチョコレートが洋生菓子をわずかな差で追い越し、2014年、ついにチョコレートが首位に立ちました。以降、連続で首位をキープしています（全日本菓子協会HPより）。

つまり、この数年、日本でいちばん盛り上がっているお菓子はチョコレートというわけなのです。ちなみに、2022年の2位以下のランキングは、スナック菓子、和生菓子、洋生菓子、ビスケット、米菓となっています。

第6章

チョコレートの
健康効果とたのしみ方

古代からカカオは滋養、疲労回復に有効であると考えられ、珍重されてきました。

本章では、カカオマスに豊富に含まれるカカオポリフェノールの効果をはじめ、"優れた食品"としてのチョコレートに着目し、健康に役立つその不思議な力と、科学的な観点から見た、チョコレートのおいしい味わい方を探っていきましょう。

1.カカオポリフェノール

チョコレートには、主成分カカオに含まれるポリフェノールをはじめとして、健康維持に不可欠な栄養素がたくさん含まれています。現在報告されているチョコレートの効果・効能についての研究例を紹介します。

◆ カカオポリフェノールとは

　老化やがん、生活習慣病などさまざまな病気の原因といわれている活性酸素。その働きを抑制する作用のある抗酸化物質として注目されているのが、チョコレートの主原料カカオに含まれるポリフェノール、「カカオポリフェノール」です。

　ポリフェノールはほとんどの植物に含まれています。赤ワインやお茶にとくに含まれているということはよく知られていますが、チョコレートの原料であるカカオマスには、じつは赤ワインやお茶以上にポリフェノールが豊富に含まれていることがわかっています。

◆ 動脈硬化の原因に働きかける

　カカオポリフェノールは、血管を健全に保つように働きかけることもわかってきています。

　動脈の血管が狭くなったり硬くなったりして、血液がスムーズに流れなくなる状態を動脈硬化といいます。悪玉（LDL）コレステロールが血管にたまって酸化されることが原因の1つです。

　抗酸化作用のあるカカオポリフェノールを多く含む高カカオチョコレートを食べると、体が受ける酸化が減ることが確かめられています。東海学園女子短期大学の西堀すき江教授※の研究では、カカオポリフェノールと血液の粘度の関係に着目し、一般の人がチョコレートを摂取したときの血流への影響を調べる実験が行われました。この実験において、チョコレートの摂取前と摂取後で血流の改善が観察されました。また、試験管レベルでの実験では、カカオポリフェノールのなかでもカテキン、エピカテキンといった抗酸化物質が血流を促

進させる効果があることが認められました。

　血液の粘度は血液の流れに関係し、動脈硬化に直接影響を与える要因ともなります。カカオポリフェノールは、悪玉コレステロールの酸化に対抗する働きと、血液がスムーズに流れるようにする働きによって血管を健全な状態に保つのに貢献することが期待されています。

◆ がん予防に期待

　がんの発生メカニズムにはまだ不明な点が多々残されていますが、一般的には、まず変異原物質が細胞のDNAに突然変異を起こし、次いで促進物質ががん化した細胞を活性化することによってがんが発生すると考えられています。

　しかし、試験管内に変異原物質と同時にカカオポリフェノールを加えたところ、細胞DNAの突然変異が抑制されることが確かめられました。名古屋大学の大澤俊彦教授※は、チョコレートに含まれるポリフェノールが、がんの発生だけでなく、がん化した細胞の増殖を抑える可能性について研究報告をしています。

◆ ストレスに打ち勝つ

　体には生命を守るためにさまざまなメカニズムが備えられていて、ストレスを受けたときにも体内ではさまざまな反応が生じます。ストレスを感じると、大脳辺縁系から視床下部に信号が送られますが、コルチコステロンなどの抗ストレスホルモンが分泌されるのもそうしたメカニズムによるものです。しかし、ストレスによって分泌されたホルモンは免疫力を抑制する働きがあります。つまり、過剰にストレスがかかり続けることは、病気への抵抗力を低下させることを意味するのです。

　ここで注目されるのがカカオポリフェノールです。高カカオのチョコレートを1日25g（板チョコ1/2枚分）、1カ月間食べてもらったところ、精神面でのQOL（生活の質）に関するスコアの改善が観察された、という研究報告もあります。カカオポリフェノールはストレスにうまく適応し、心理的ストレスに対して抵抗する一助となる可能性があるのです。

◆ アレルギーの観点でも注目

　ウイルス、ダニ、花粉など、外から侵入してくるさまざまな異物から体を守るために、人間には免疫のシステムが備わっています。そして、この免疫システムにおいて、カカオポリフェノールが活躍することが明らかになってきました。

　アトピーや花粉症などのアレルギーは現代病の1つとして大きな問題になっています。アレルギーを引き起こすメカニズムを簡単に説明すると、①ある抗原（花粉やダニなど）に接するとその抗原に対する抗体が作られる、②アレルゲンにふれるとヒスタミン（炎症を起こす物質）が放出される、③好酸球という物質の働きでさらにアレルギー症状が強くなる、といった段階をたどります。このプロセスを抑えることがアレルギー症状を防ぐポイントになります。

　チョコレートに含まれているカカオポリフェノールには、アレルギーが起こるこれらのプロセスそれぞれに作用する可能性があることが、研究によって示されつつあります。

　アレルギー症状を引き起こすそれぞれの段階には活性酸素がかかわっているともいわれています。チョコレートに含まれる強い抗酸化物質であるカカオポリフェノールには、活性酸素を抑える働きがあることを示す研究結果もあるため、アレルギーの観点でも注目されています。

◆ ココアとピロリ菌

　日本人は、胃炎、胃潰瘍、胃がんなどの疾患にかかりやすいといわれています。これらの疾患の原因とされているのが、胃の中に生息するピロリ菌です。カカオ豆の成分には、ピロリ菌に対する殺菌効果があり、ココアを飲むことでピロリ菌が胃粘膜に定着するのを抑えることができるといわれています。また、重い食中毒で知られる病原性大腸菌O-157を死滅させる効果があることも確かめられています。

◆ カカオマスの創傷への作用

　埼玉医科大学の間藤卓准教授[※]によると、毎日ココアを飲んでいると重症患者のけがや手術後の傷の治りが早くなるといいます。カカオ豆の成分が傷の治癒にどの段階で、いかに作用を及ぼすのかについては現在も研究が続け

られています。カカオ豆の成分と傷の治癒の因果関係がわかれば、ココアに、治療をサポートする栄養補給源としての役割も期待できるかもしれません。

※肩書は研究・実験当時のものです。

「ココア・ブーム」の火付け役!?

　カカオ豆やチョコレート、ココアについての最新の科学的研究を発表する画期的な試みとして、1995年から毎年（2001年を除く）、「チョコレート・ココア国際栄養シンポジウム」が開催されています。ここで発表された栄養学、医学、生化学、歯学、心理学などの研究の成果は、「ココア・ブーム」のきっかけにもなりました。

　回を重ねるごとにシンポジウムで取り上げられるテーマの幅は広がり、ココア、チョコレートを通じて"食と健康""食と文化"を考えていくための貴重な情報提供の場となっています。

2.チョコレートQ&A

これまで見てきたとおり、チョコレートはおいしいだけではなく、さまざまな効能を持っていることは明らかです。一方、誤解があるのも事実。ここではチョコレートにまつわるよくある疑問にお答えしましょう。

Q1 チョコレートを食べると鼻血が出るの?

よく聞く疑問ですが、医学的にはチョコレートと鼻血について関係があるという報告は一切ありません。チョコレートのような栄養価の高い食べ物は、体内にエネルギーがたまって、そのはけ口として鼻血が出る、というような噂話が独り歩きしてしまったのかもしれません。しかし、チョコレートには血行をよくする物質が含まれているので、可能性がゼロとはいえません。食べすぎには注意しましょう。

Q2 チョコレートを食べるとニキビができるの?

ニキビは皮脂腺から出た脂が毛穴に詰まってしまい、そこに細菌が繁殖するためにできるもので、ホルモンのバランスが崩れやすい思春期に多く見られます。また、体調の悪いときや皮膚を清潔に保っていないときなどにも見られます。1970年代後半に行われた米国の研究で、「チョコレートをたくさん食べることとニキビが発生することとは、直接の関係はない」との報告があります。ニキビの免疫学的な研究も進められていますが、チョコレート摂取とニキビの関連性は、さらなる研究が必要だと考えられています。

Q3 チョコレートを食べると太るの?

それは「誤解」であることがわかる試験結果があります。その試験では、1カ月間、毎日25g（板チョコ1/2枚分）のチョコレートを食べてもらいました。参加した347人の試験期間中の体重変化は平均でわずか0.02kgで、チョコレートの影響はまったく見られませんでした。肥満になる直接の原因は、病的な原因がないかぎり過食にあります。つまり、摂取エネルギーが消費エネルギーを

超えると余分なエネルギーが脂肪として蓄積されるのです。よって、チョコレート＝肥満、と目の敵(かたき)にするよりも、全般的な食事内容や摂取カロリーに配慮することが肥満の予防や改善には必要といえるでしょう。

Q4 チョコレートで虫歯になるの?

チョコレートと虫歯は直接関係がありません。虫歯は歯に付着した歯垢が原因です。歯垢にはたくさんの微生物が棲みつき、食べた物に含まれる砂糖などをもとに酸を作り出します。長時間そのままにしておくと、この酸がエナメル質を少しずつとかし、ついには穴が開いてしまいます。これが虫歯です。

つまり、虫歯を予防するにはチョコレートを控えることは不要であり、正しい歯磨きを習慣づけることが肝要であるといえます。

ショパンが愛した「ショコラ・ショー」

19世紀の作曲家、フレデリック・ショパンはその作品から想像されるように繊細な性格の持ち主で、体も弱かったといわれています。そんなショパンが毎朝たのしんでいたのが、恋人のジョルジュ・サンドが作る「ショコラ・ショー」でした。ショコラ・ショーとは、ホットチョコレートのこと。専用のポットがあり、モリニーヨと呼ばれる木の攪拌棒(かくはん)で泡立ててカップに注ぎました。当時は、チョコレートが貴族の飲み物から庶民へと広がりつつある時期。高カロリーで体が温まるこの飲み物を、ショパンはサンドにすすめられて飲むようになったのだとか。甘いものが好きだったという彼は、これにスミレの砂糖漬けを加えて飲んだといわれています。

3. 味・香り

チョコレートのおいしさをかたちづくる、「味」と「香り」。私たちはチョコレートをどのように味わい、また、そのおいしさをどう伝えたらよいのでしょうか。個性あふれるチョコレートの魅力を表現する方法を探っていきましょう。

◆ 味は舌で、香りは鼻で感じるもの

　「味」と「香り」はしばしば混同して使われがちですが、本来、「舌で感じるのが味であり、鼻で感じるのが香りである」と定義できます。それぞれを英語で表すと、味＝テイスト（taste）、香り＝アロマ（aroma）となります。また、味と香りを合わせた意味を持つ「風味」は、フレーバー（flavor）といいます。

　では、味はどこで感じるのでしょうか？　舌の上には、味覚をつかさどる味蕾細胞が分布していて、この細胞が味を感じ取っているのです。舌で感じることのできる、**甘味・酸味・苦味・塩味・旨味**、この5つを「**五味**」といい、1つの味蕾で五味を感知できることがわかっています。生理学的には、渋味や辛味は刺激であり、正確には「味」としてみなさない分類をする場合もありますが、官能検査では、渋味や辛味という「感覚」も含めおいしさを表すため、慣用的にはこれらも味とみなしています。

　一方、香りを感じるのは、鼻の付け根の裏側辺りにある嗅上皮と呼ばれる部分です。香りには、鼻の穴を通って感じる香りと、食べ物を飲み込んだときに感じる喉から鼻へ抜ける香りがあります。前者は「たち香」、後者は「口中香」「あと香」などと呼ばれています。

　香りは常温で気化しやすい分子なので、温めることでより多くの香気成分を感じることができるのです。この原理と同じく、チョコレートも口の中でしっかりとかして味わうことで、より多くの香りを感じることができます。

● 人間が香りを感知する部位

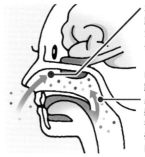

オルソネーザル※経路の香り：鼻から外気を吸うことで感じる香り＝「たち香」

レトロネーザル※経路の香り：口内から鼻に抜けるときに感じる香り＝「口中香」「あと香」
※オルソネイザル、レトロネイザルともいう。

◆ 時間の経過とともに変わる味・香り

　食べ物は口の中に入れてから時間の経過とともに味や香りが変化します。味や香りを言葉で表すとき、「最初はミルクの香りが強いがキレがよい」「後味にほのかにレモンの香りを感じる」といった表現をします。単に「おいしい」「香りがよい」ではなく、味と香りを「強さ」「種類」「時間（口の中での滞留時間）」の3要素に分解して「感じる」、そして「言葉に表してみる」ことによって、よりチョコレートをたのしむことができます。

　味・香りの「強さ」と「時間」の関係図から、チョコレートの味の表現方法の例を見てみましょう。

①食べ始めの味・香りが強い場合

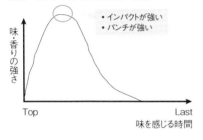

②後味の余韻が長い場合

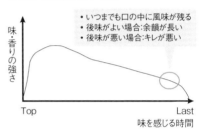

③全体的に味・香りが弱い場合

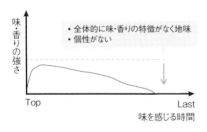

④いろいろな味・香りが出てくる場合

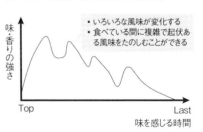

　このように時間の経過とともにどのような味や香りが出てくるかを感じることにより、食べ物のおいしさを感じるたのしみが広がります。また、感じた味や香りを口に出して表現することで、自分でしか感じることのできないおいしさを他人と共有することができ、さらにコミュニケーションの幅も広がります。日ごろからいろいろな食べ物や飲み物で味や香りを感じ、それを言葉で表現するよう心がけるとよいでしょう。

◆ チョコレートのテイスティングとその注意点

テイスティング（tasting）とは、「味をみる、試食（試飲）する」ことです。この際、五感と呼ばれる視覚、嗅覚、触覚、聴覚、味覚をフルに働かせて、味や香りを感じることが重要となります。以下の点に注意しましょう。

❶ 舌でとらえられる味覚以外に、視覚、嗅覚、触覚、聴覚も使う。

❷ カカオ含有率の低いものから高いものへと進める。

❸ 舌で感じる味覚＝五味（甘味・酸味・苦味・塩味・旨味）のほか、渋味も感じることが大切。

　正しいテイスティングを行うためには、五感を最大限に発揮できる環境が不可欠です。環境を整えてテイスティングに臨むことで、より正確にチョコレートの味や香りを把握することができます。

●場所
・うるさくないところで行う。
・においがないところで行う。
・照明は白〜黄色に。暗すぎたり明るすぎたりすると味覚や嗅覚に影響する。

●温度と湿度
・約18〜20℃くらいの室温で行う。
・湿度は50%以下に抑える。

●時間帯
・午前中、夕方など、少し空腹を感じるくらいの時間が望ましい。
・毎回、同じ時間に行う。
・急がず、ゆとりをもって行う。

●体調と休憩
・体調がよく、ストレスがあまりない日を選ぶ。
・続けてたくさんのテイスティングを行わない。
・次の種類に移るときは、常温の軟水ミネラルウオーターを飲んで口の中をリフレッシュする。

●禁止事項
・香水をつけない。
・テイスティングの前はコーヒー、カレーなどの刺激物、喫煙は控える。

◆ 具体的なテイスティング方法

テイスティングするチョコレートを用意して、実際に試してみましょう。

手順❶ 気持ちを落ち着かせる
味・香りを感じるために、集中し、落ち着いて取り組むこと。

手順❷ 香りを嗅ぐ（嗅覚）
鼻で嗅いだ香りと、後で口の中に含んでから感じる香りは異なることが多いため、まずは鼻からの香りを感じ取る。

手順❸ 色・艶などを見る（視覚）
同じカカオ含有率でも、産地によってチョコレートの色合いが異なる。赤茶色、濃い茶色、黒に近い色など、違いを比較する。

手順❹ 音を聴く（聴覚）
割ったときやかじったときの音を確かめる。パキッとかたく割れるもの、やわらかめの手ごたえのものなど、その音や割れ加減を注意深く感じる。

手順❺ 味をみる（触覚・味覚）
小さなかけらに割り、またはかじり、口の中に入れる。ゆっくりとかしながら舌全体に広げ、その味わいを意識して感じ取る。

手順❻ 余韻を感じる（味覚・嗅覚）
体温で温められることで現れる味や香りにも注意し、その味や香りが続く長さ（余韻）も感じる。

テイスティングでは、たとえば右のようなチャートを使って各項目を評価します。具体的にどのような評価項目を使うかは、チョコレートの種類によって異なります。

出典：飯田文子「ビターチョコレートの官能評価と嗜好の背景」

株式会社 明治では、チョコレート香味評価のために独自のフレーバーホイールを開発し、評価に用いています。香りを化学物質ではなく、身近なものに例えて表現する評価手法で、香りのイメージを一般の方へわかりやすく伝えられる特長があります。官能評価の評価者はチョコレートの香りを共通言語で表現できるよう、香りの標品を使ってトレーニングをします（実際のフレーバーホイールは巻末参照）。

4. マリアージュ

チョコレートのたのしみ方の1つとして、関心が高まっているのが「マリアージュ」です。チョコレートの個性を知り、そのおいしさをさらに引き出すものと組み合わせて味わうことで、より一層チョコレートの世界は広がっていきます。

◆ マリアージュとは

マリアージュとは、直訳すると「結婚（marriage）」です。主に、食事と飲み物との組み合わせでこの考え方が浸透しています。たとえば身近な組み合わせとしては、「チーズと赤ワイン」「肉と赤ワイン」「魚と白ワイン」「フォアグラとソーテルヌ（甘口の白ワインの1つ）」があげられます。

単純な組み合わせや食べ合わせではなく、互いのよさを引き立てたり、互いに隠れている要素を引き出したりするなど、「1＋1＝2」にとどまることなく、さらにおいしさやたのしさを広げる組み合わせがマリアージュといえます。

チョコレートも、マリアージュという「幸せな出合い」により、単体では味わえない奥行きやおいしさ、たのしさを感じることができます。

◆ チョコレートのマリアージュ

マリアージュにはいくつかのたのしみ方があります。1つ目は、チョコレートと飲み物との相性をたのしむマリアージュです。コーヒーや紅茶、中国茶をはじめ、アルコールではワイン、シャンパン、ウイスキー、ラム酒などに加えて、最近はビール、焼酎、日本酒とチョコレートのマリアージュをたのしみたいというニーズも増えてきています。

2つ目は、チョコレートと他の素材のマリアージュです。たとえばボンボンショコラ（96ﾟ参照）の場合、チョコレート単体で作られていることは少なく、たいていはチョコレートとスパイス、フルーツ、ナッツなど、さまざまな素材との相性を考えて作られています。バランスを取りながらおいしいひと粒に仕上げるのが職人それぞれの感性であり、腕の見せどころです。ひと粒の中に、チョコレートと他の素材の味わいや香りが複雑に調和した世界をたのしむことができるのは、ボンボンショコラならではの魅力です。

3つ目は、ショコラスイーツ（112ジ参照）のマリアージュです。チョコレートを使ったフォンダン・ショコラやムースなどのデザートに、オリーブオイルのアイスクリーム、バルサミコ酢のソース、スパイスを使ったサブレなどを添えれば、ひと皿の上に集められた芸術品といえるでしょう。さまざまな素材が組み合わされ、重なることで、単体では味わえない奥行きがたのしめます。

◆ マリアージュの基本的な考え方

　相性のよいものをやみくもに探すのは大変な作業です。互いの個性を合わせるマリアージュは、たとえば「甘いチョコレート」といってもその強弱には差があり、また「フレッシュなワイン」と表現したとしてもいろいろな種類があるので、完全に理論で説明できるものではありません。しかし、ある程度は整理できます。大まかには、**❶素材の味で合わせる、❷香りで合わせる、❸質感（軽さ・重さ）で合わせる**の3つの考え方で相性のよいものを探すことができます。

◆ 具体的なマリアージュの例

　ここでは、株式会社 明治の製品を例にして、考え方❶～❸について説明します。内容はあくまで例ですので、考え方を理解したうえで、いろいろなたのしみ方を探してみてください（飲み物もチョコレートも嗜好品であり、好みには個人差があります）。

❶ 素材の味で合わせる

　マリアージュの1つ目のポイントは、素材の味が似ているもの同士を探して合わせることです。たとえば、ミルクを入れた紅茶にホワイトチョコレートを合わせると、簡単ですがミルクの味わいがつながる相性をたのしむことができます（次ジ例1）。

　また、ローストを深めにしたリッチな味わいのコーヒーに、同じく濃厚なコクを持つチョコレートを合わせるとバランスを取ることができます（例2）。ヨーグルトやクリームチーズなど乳酸系の酸味のあるコーヒーならミルクチョコレートとの組み合わせがおすすめ。フルーティな酸味を持つ飲み物であれば、同じくフルー

ティな味わいを持つダークチョコレートを合わせるのもよいでしょう。梅酒（例3）
や赤ワインには、凝縮されたようなフルーツ感が特徴のドミニカ共和国産のカ
カオを使用したダークチョコレートが好相性です。

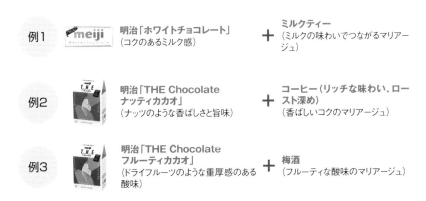

例1　明治「ホワイトチョコレート」
（コクのあるミルク感）
＋　ミルクティー
（ミルクの味わいでつながるマリアージュ）

例2　明治「THE Chocolate ナッティカカオ」
（ナッツのような香ばしさと旨味）
＋　コーヒー（リッチな味わい、ロースト深め）
（香ばしいコクのマリアージュ）

例3　明治「THE Chocolate フルーティカカオ」
（ドライフルーツのような重厚感のある酸味）
＋　梅酒
（フルーティな酸味のマリアージュ）

❷ 香りで合わせる

　次に、似た香りを持つものを合わせてその相性をたのしんでみましょう。ナッ
ツとウイスキーやコーヒーなどの香ばしいもの、フルーツやフローラルなどの華
やかで甘い香りを持つもの同士など、似た要素を探して合わせることがポイン
トです。

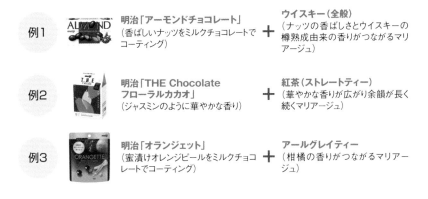

例1　明治「アーモンドチョコレート」
（香ばしいナッツをミルクチョコレートでコーティング）
＋　ウイスキー（全般）
（ナッツの香ばしさとウイスキーの樽熟成由来の香りがつながるマリアージュ）

例2　明治「THE Chocolate フローラルカカオ」
（ジャスミンのように華やかな香り）
＋　紅茶（ストレートティー）
（華やかな香りが広がり余韻が長く続くマリアージュ）

例3　明治「オランジェット」
（蜜漬けオレンジピールをミルクチョコレートでコーティング）
＋　アールグレイティー
（柑橘の香りがつながるマリアージュ）

　軽めの質感のコーヒーには、同じく軽い食感のチョコレート菓子を合わせるとその軽快さがたのしい組み合わせになります。一方、力強く重厚なエスプレッソには同じバランスの板チョコレートなどを合わせるのがよいでしょう。

　ライトボディのウイスキーや、ロックなど氷を入れたウイスキーの場合は、シンプルなミルクチョコレートがおすすめです。骨太、重厚なフルボディタイプのウイスキーは、どっしりとしたチョコレートと好相性。高カカオのダークチョコレートを合わせると、力強い風味の重なりをたのしむことができます。

軽め　明治「ガルボ」（軽い食感のチョコレート菓子）　＋　ライト系コーヒー（軽めの質感のコーヒー）

重め　明治「ブラックチョコレート」（コクのある味わい）　＋　エスプレッソ（力強い、深みのある味わい）

軽め　明治「ミルクチョコレート」（シンプルなミルクチョコレート）　＋　軽快、ライトな飲み口のウイスキー（ライトボディ）

重め　明治「チョコレート効果 カカオ72%」（高カカオ、ダークチョコレート）　＋　重厚なウイスキー（フルボディ）

Chapter 6
チョコレートの健康効果とたのしみ方

　マリアージュを探す際のポイントは、まずチョコレートと飲み物、それぞれのタイプや使われている素材の特徴をとらえ、整理することです。嗜好品のため好みに個人差はありますが、似たもの同士を合わせることで、味や香り、質感がつながるマリアージュをたのしむことができます。

　組み合わせによって生まれる味の奥行き、新たな発見や驚きは、マリアージュという幸せな出合いの醍醐味です。理論だけにとらわれず、好奇心を持って自分好みのマリアージュにチャレンジしてください。

※20歳未満の飲酒は法律で禁止されています。

特別付録
「チョコレート検定」問題集

2023年7～10月実施の検定問題の一部を掲載します。実際の試験は100問出題され、「チョコレート スペシャリスト」と「チョコレート エキスパート」は70％以上正答で合格でした。

チョコレート スペシャリスト（初級）

Q1 カカオ豆からチョコレートを作る際に、カカオ豆をその役割から分類する呼び方について、加えることで香りをプラスする豆を指す言葉は？

① マイルドビーンズ　　② ベースビーンズ
③ フレーバービーンズ　④ ボディビーンズ

Q2 赤道を挟んで北緯20度から南緯20度までのカカオ栽培適地を指す言葉はどれか？

① カカオマップ　② カカオロード　③ カカオエリア　④ カカオベルト

Q3 株式会社 明治が昭和時代に発売した数々のチョコレート商品のうち、アメリカの宇宙船の月面着陸を受けて発売したものは次のどれか？

① JPチョコレート　② アポロ　③ ガルボ　④ マーブルチョコレート

Q4 ボンボンショコラとは何を意味するか？

① ひと口サイズのチョコレートの総称　② 板状のチョコレートの総称
③ やわらかいチョコレートの総称　　　④ 高級なチョコレートの総称

Q5 カカオ豆の発酵に用いられる方法の1つとして、実際に行われているものはどれか？

① 土の中に埋める　② 藁で包む　③ 壺に入れる　④ バナナの葉で覆う

Q6 ホンジュラス出身の店主が2000年に創設した、ニューヨークに本店があるショコラトリーは?

① リンツ　② マリベル　③ マダム ドリュック　④ ホテルショコラ

Q7 チョコレートに加える「乳製品」について、全粉乳の説明は次のうちどれが適切か?

① 牛乳をそのまま乾燥させたものである

② 脱脂した牛乳を乾燥させたものである

③ 牛乳を凍結乾燥したものである

④ 1847年にイギリスで発明されたイーティングチョコレートには全粉乳が使われていた

Q8 カカオの花に関する説明で、誤りがあるものはどれか?

① 花が1年中咲く

② 人間には感じられないほどの香りである

③ 白、ピンクなどさまざまな色がある

④ 5cm程度の大きさがある

Q9 次のクーベルチュールメーカーの中で、ベルギーのメーカーはどれか?

① ヴェイス　② ヴァローナ　③ ベルコラーデ　④ 大東カカオ

Q10 ショコラの種類にまつわる用語で、ヘーゼルナッツペースト入りのクリーミーなチョコレートで、イタリア伝統の味は次のうちどれか?

① クレミーノ　② プラリーネ　③ ヌガティーヌ　④ フイヤンティーヌ

Q1 マリアージュの説明として誤りがあるものは次のどれか？

① マリアージュは直訳すると「結婚」の意味である

② 素材の味、香り、質感で合わせるとよい

③ 似たもの同士は口の中でケンカするので合わないことが多い

④ お酒以外の飲み物との相性をたのしむこともある

Q2 「公正競争規約」では、大きく分けて２つのチョコレート生地を定義しているが、チョコレート生地ともうひとつは何か？

① 準チョコレート生地　　② 調整チョコレート生地

③ 半チョコレート生地　　④ 本チョコレート生地

Q3 テンパリングがうまく行われたチョコレートの特徴に当てはまらないのは次のどれか？

① ブルームが出にくい　　② 艶がある

③ 口どけがよい　　　　　④ スナップ性がない

Q4 カカオの樹や花、実について正しい説明は次のどれか？

① カカオの花は１年中咲くが、カカオの実の収穫は１年に１回である

② カカオの樹は高さ6〜7mくらい、幹の直径は10〜20cmの成木になる

③ カカオの花は枝先だけに咲き、カカオの実も同じく枝先だけになる

④ カカオの樹は日差しを好むため、なるべく直射日光に当てるとよい

Q5 カカオ豆の乾燥に関して、誤りがある説明は次のどれか？

① 乾燥は、貯蔵や輸送中のカビ発生を防ぐために重要である

② 乾燥前のカカオ豆は水分を多く含んでいる

③ カカオ豆は収穫された生産国で発酵、乾燥までが行われる

④ 乾燥は、機械で人工的に乾燥させる方法のみである

Q6 リンツというブランドについて当てはまらない説明は次のうちどれか?

① 創業者は薬剤師の息子である

② スイスで創業したブランドで、2022年に100周年を迎えた

③ 日本をはじめ世界120カ国以上で愛されるブランドである

④ 四大発明のひとつとなる技法と機械を発明した

Q7 大正時代の日本人によるカカオの栽培に関する説明で、適切ではないのは次のうちどれか?

① カカオ豆からチョコレートの一貫生産が始まった頃にカカオの栽培に取り組んでいた

② 栽培はしたものの、カカオ豆の収穫はできなかった

③ 台湾、スマトラ、ジャワなどでカカオ栽培に取り組んでいた会社がある

④ 第二次世界大戦でカカオ栽培の取り組みを中断してしまった

Q8 2022年にCCCでアワードを受賞した日本のブランドは次のうちどれか?

① ブリュイエール　　　② ジョンカナヤ

③ マジ ドゥ ショコラ　　④ ドゥブルベ・ボレロ

Q9 さまざまなタイプのチョコレートが製造された昭和50年代にヒットした商品は、次のうちどれか?

① ハイミルク　② マーブルチョコレート　③ アポロ　④ たけのこの里

Q10 「ガナッシュの魔術師」と呼ばれた人物が創設したブランドは次のうちどれか?

① ボナ　　　　　　　　② ジャン=ポール・エヴァン

③ ラ・メゾン・デュ・ショコラ　④ ベルナシオン

解答一覧

チョコレート スペシャリスト（初級）

Q1	③
Q2	④
Q3	②
Q4	①
Q5	④
Q6	②
Q7	①
Q8	④
Q9	③
Q10	①

チョコレート エキスパート（中級）

Q1	③
Q2	①
Q3	④
Q4	②
Q5	④
Q6	②
Q7	②
Q8	④
Q9	④
Q10	③

第8回チョコレート検定の結果から
CHOCOLATE KENTEI
傾向と対策

　合格率は、「チョコレート スペシャリスト」が88.4%、「チョコレート エキスパート」が78.0%、今回4回目の「チョコレート プロフェッショナル」が25.2%でした。平均点は、「チョコレート スペシャリスト」が82.8点、「チョコレート エキスパート」が78.4点、「チョコレート プロフェッショナル」が105.6点（125点満点）でした。10歳から71歳まで、幅広い年代の方に検定を受けていただきました。

● 第8回チョコレート検定合格者の得点分布

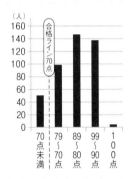

チョコレート スペシャリスト

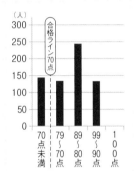

チョコレート エキスパート

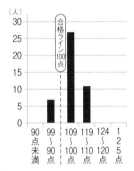

チョコレート プロフェッショナル

※一次通過者の結果。

検定結果から見たアドバイス

・検定後のアンケートで、約55％の方からテキストで学習したとの回答をいただきました。また、この検定を受検するにあたり学習した時間は、「20時間以上」が39.7％と最も多く、次いで「10時間～20時間未満」が30.8％、「5時間～10時間未満」が22.9％という結果でした。

・「チョコレート スペシャリスト」「チョコレート エキスパート」は、チョコレートの原料であるカカオ、チョコレートの製造方法、チョコレートの歴史、世界と日本のチョコレート商品などについて、多岐にわたって問題が出題されています。テキスト全般を通して勉強し、問題集（204ペ～）やINDEX（210ペ～）も活用していただき、ポイントを絞って学ぶとよいでしょう。

・「チョコレート プロフェッショナル」は、専門的な知識やテイスティングの出題もあるため、参考文献（215ペ）で幅広い知識を学んだり、ショコラトリーに足を運んだり、実際にさまざまなチョコレートを体感してみてください。

INDEX

▶あ行

アーモンド［プラリネ、パウダー］····80,83,84,
95,99〜102,112,117,137,145,165,167,202
アカデミー オブ チョコレート·····52,54,184
アグロフォレストリー········21,23〜25,128
麻袋·····························33,59
アステカ［王国、式、族、帝国］··············
　　　29,60,76,132,133,136〜140,174
あと香（口中香）····················196
アップサイクル·················19,25
アマゾン［移民、川］········24,25,60,136
甘味····29,81,114,138,139,145,196,198
アマンド・ショコラ················101
アルカリ［処理］·················146,147
アロマ·····················45,52,196
安定結晶（V型）··············70〜73
アントニオ・カルレッティ·········132,141
イーティングチョコレート··············
　　　　　　　　　29,77,134,148,149
板［型］チョコレート
（タブレット、チョコレートバー）·····14,15,36,
48〜53,90,114,123,152,153,155,163,164,
　　　　169,175〜177,181〜186,203
岩倉具視·····················152,154
インターナショナル チョコレート アワーズ····
　　　　51〜54,178〜180,183,184
インドネシア··············52,57,59,62,78
ヴァローナ················45,110,176
ウィノーイング（風選）············36,38
ヴェイス·······················110
旨味·····················64,198,202
エクアドル·············19,23,28,57〜59,
　　　　63,64,132,133,136,181
エクレア（エクレール）········113,114,169
エルナン・コルテス·····29,76,132,138,140
エンローバー（被覆）［チョコレート］··········
　　　　　　　94,98,106,126,163
オーガニック［製法］（ビオ）·19,25,51,52,107
オペラ·····················112,113
オランジェット················101,202
オルメカ［文明］·········28,132,136,137

▶か行

ガーナ·····························
　　　12,18,20,21,22,51,57〜59,62,63
カカオニブ（胚乳部）··················
　　　37,38,45,49,61,66,68,102,124,147,184
カカオの樹（カカバクアルイトル）··········
　　　27,30,31,42,49,56,138,165
カカオバリー················110,111,177
カカオベルト····················56,59
カカオポッド（カカオの実、カボス）··········
　　　27,28,31〜35,42,44,49
カカオポリフェノール············190〜192
カカオマス···········37〜39,43〜45,
　　　66〜68,76,78,86〜88,108,109,121,
　　　124,125,127,147,148,190,192
化学的変化················46,47,84
カシューナッツ···············80,82
型抜［き］················36,41,90,93
ガトー・ショコラ···················116
ガナッシュ·············91,94,98,99,104,
　　　112〜114,117,169,170,176,177,183
カメルーン····················57,59
辛味·····················145,196
カルロス1世················132,140
カレボー····················110,111
乾燥·············22,25,33,35,36,44,45,
　　　52,67,77,84,85,92,123,145,177,179
キャラメリゼ··················79,167
キャラメル··············47,79,99,100,
　　　104,120,155,183
嗅上皮·······················196
禁止されている不当な表示········124,129
クーベルチュール·············45,50,103,
　　　106〜111,172,176〜179,183,184
グラサージュ·················79,112,113
クリーナー·········「選別（クリーナー）」参照
クリオロ［種、系］·············60〜62,64
グル・チョコレート················162
クルミ·················81,82,102,117,145
クレミーノ·····················167
クロムウェル··················142,144

結晶［化］‥‥‥‥‥‥‥‥‥‥‥‥‥
　　　40,70〜74,92,100,122,123,149
検査・梱包‥‥‥‥‥‥‥‥‥‥‥　36,41
香気［成分］‥‥‥‥　37,44〜46,68,173,196
酵母‥‥‥‥‥‥‥‥‥‥‥‥‥　42,43
香料‥‥‥‥‥　78,86,87,108,109,127,129
コーティング‥‥‥‥‥‥‥　79,94,95,98,101,
　　103,104,106,110,120,121,167,202
コートジボワール‥‥‥‥‥‥　57〜59,63,64,82
コーヒー・ハウス‥‥‥‥‥‥‥‥‥132,144
ココア（ココアパウダー）‥‥‥‥　38,67,79,81,
　　88,101,104,105,116,120,121,124,125,
　　127,130,132,134,140〜142,144,
　　146〜150,152,154,158,159,163,192,193
ココアケーキ‥‥‥‥‥‥‥‥124,125,147
ココアバター（油脂）‥‥‥‥　10,38〜40,46,
　　51,53,66〜73,77,78,86〜88,106〜109,
　　111,121,122,124,125,127,146〜149,153,
　　160,162,165
ココアプレス（搾油）‥‥‥‥‥‥　29,158
五味‥‥‥‥‥‥‥‥‥‥‥‥‥‥196,198
コロンビア‥‥‥‥‥‥‥‥‥‥　50,59,183
［クリストファー・］コロンブス‥‥‥　51,132,137
混合‥‥‥‥　36,38,121,126,147,172
コンチェ‥‥‥‥　40,46,47,134,149,150
コンチング（精練）‥‥‥‥‥‥‥‥
　　36,40,43,46,47,51,54,149,172,173
コンフィ‥‥‥‥‥‥‥‥‥‥‥‥167
コンフィチュール‥‥‥‥‥‥‥‥　84,167

▶さ行

酢酸［菌］‥‥‥‥‥‥‥　42,43,46,47,146
殺菌‥‥‥‥‥‥‥‥‥‥‥　45,77,192
ザッハ・トルテ‥‥‥‥‥‥‥‥‥114,115
サロン・デュ・ショコラ‥‥‥‥‥‥‥‥
　　　12,16,176,178,180,182
酸味‥‥‥‥‥　41,47,52,61,63〜65,113,
　　146,147,196,198,199,201,202
シェフ‥‥‥‥‥‥‥　50,51,53,54,97,167,
　　169〜171,176〜178,180,181,185
シェル（種皮、カカオハスク）‥‥‥‥‥‥‥
　　　19,25,37,38,45,66,139,147
シェル［チョコレート］‥‥‥‥‥‥‥‥
　　　84,91,96〜98,126,164

塩味‥‥‥‥‥‥‥‥‥‥‥81,196,198
渋味‥‥‥　10,61,63〜65,76,85,86,146,196,
　　　198,199
シャーフェンバーガー‥‥‥‥‥‥‥‥　48
ジャンドゥーヤ［チョコレート］‥‥‥‥‥
　　　83,99,100,174
充填‥‥‥‥‥‥‥‥‥‥　36,40,150
シュガーブルーム‥‥‥‥‥‥　41,122,123
出荷‥‥‥‥‥‥‥‥‥‥33,36,41,45
純ココア（ピュアココア）‥‥‥‥‥‥127
純チョコレート（ピュアチョコレート）‥‥‥‥127
準チョコレート［菓子、生地］‥‥‥‥‥‥‥
　　　107,124〜127
準ミルクチョコレート［生地］‥‥‥‥124,127
消費量‥‥‥‥‥‥‥‥‥81,186,188
ショコラ・ショー‥‥‥‥‥‥‥11,167,195
ショコラスイーツ‥‥‥‥‥‥‥112,201
ショコラティエ‥‥‥‥‥‥‥‥‥‥‥
　　12,13,15,16,49〜51,53,64,65,97,107,
　　　110,166〜170,173,175〜182
ショコラトリー（ショコラテリア）‥‥‥‥‥
　　48,49,117,119,167〜171,174〜178,180
ショコラトル（チョコラテ）‥‥‥‥‥‥‥‥
　　　11,28,60,67,76,138
ジョセフ・フライ‥‥‥‥‥‥‥134,148
ジョン・キャドバリー‥‥‥‥‥‥‥‥134
シングルオリジン‥‥‥‥　52,53,62,168,169
シングルビーン‥‥‥‥‥‥　49,62,106
水分蒸発‥‥‥‥‥‥‥‥‥‥‥‥　46
スパイシー‥‥‥‥‥‥‥　10,29,65,86,138,199
スパイス‥‥‥‥‥‥‥‥‥‥‥‥‥‥
　　45,54,65,102,150,176,181,200,201
スプレードライ法‥‥‥‥‥‥‥‥‥　77
スペシャリテ‥‥‥‥‥‥‥‥‥　53,167
生産量‥‥‥‥‥‥‥‥‥‥‥‥‥‥
　　57,58,60,61,63,64,80,81,158,187
精練‥‥‥‥‥‥「コンチング（精練）」参照
前駆体‥‥‥‥‥‥‥‥‥‥‥‥　32,44
全国チョコレート業公正取引協議会‥‥‥‥‥
　　　87,105,107
センター［生地、クリーム］‥‥‥‥‥‥‥‥
　　79,81,83,84,91,94,95,98〜101,120,121
選別（クリーナー）‥‥‥　36,44,49,110,172,174
相馬半治‥‥‥‥‥‥‥‥‥‥157,159

ソリッドチョコレート ・・・・・・・・・・・・・・・・・ 90

▶た行

ダーク［スイート、ビター］クーベルチュール・・・・・
　　　　108,109

ダークチョコレート（スイートチョコレート、ビター
チョコレート）・・・・・・・・・・・・・・・・・67,73,
　　　76,86,88,112,148,149,169,202,203

ダークミルク ・・・・・・・・・・・・・・・・・・・・・ 50

大正製菓株式会社 ・・・・・・・・・・・・・ 152,156

大東カカオ ・・・・・・・・・・・・・・・・・・・・ 111

たち香 ・・・・・・・・・・・・・・・・・・・・・・・・ 196

ダッチプロセス ・・・・・・・・・・・・・・・ 146,147

ダニエル・ペーター ・・・・・・・・・・・・・ 134,149

タブレット ・・・・・・・・・・・・・・・・・・・・・・・
「板［型］チョコレート（タブレット、チョコレートバー）」参照

ダロワイヨ ・・・・・・・・・・・・・・・・・・・・ 112

チャールズ1世 ・・・・・・・・・・・・・・・・・・ 142

調温 ・・・・・・・・・・「テンパリング（調温）」参照

チョコレート加工品 ・・・・・・81,125,126,128

チョコレート菓子（チョコスナック） ・・・・・・・・・・
　　　79,94,95,106,109,116,125,126,
　　　128,129,152,155,164,188,203

チョコレート生地 ・・・・・・・・38,39,40,43,
　　　46,47,79,84,90,103,105,107,124～128

チョコレートクリーム ・・・・・・ 152,155,156,169

チョコレート製品 ・・・・・・・・・・・・・・・・・・・・
　　　66,71,78,94,124,178,180

チョコレートタルト（タルト・オ・ショコラ）・・・ 113

チョコレートドリンク ・・・・・・・・・・・・・・・・・・
　　　11,51,120,126,129,139,184

チョコレートバー ・・・・・・・・・・・・・・・・・・・・
「板［型］チョコレート（タブレット、チョコレートバー）」参照

チョコレートファウンテン ・・・・・・・・・・・・・ 118

チョコレートフォンデュ ・・・・・・・・・・・・・・・ 118

チョコレートフレーク ・・・・・・・・・・・・・・・ 46

チョコレートペースト ・・・・・・・・・・・・・・・ 119

チョコレートムース ・・・・・・・・・・・・・・・・・ 118

チョコレート類の表示に関する公正競争規約
・・・・・・・・・・・・・・・・・・・・・105,124,153

テイスティング ・・・・・・・・ 51,63,183,198,199

テイスト ・・・・・・・・・・・・・・・・ 53,63,196

テオブロマ カカオ リンネ ・・・・・・・・・・・・ 27

デメル ・・・・・・・・・・・・・・・・・・・・ 115,173

テロワール ・・・・・・・・・・・・・・・・・・・・・ 62

テンパリング（調温）・・・・・・・・・・・・36,40,69,
　　　71～75,79,90,94,103,121,122

天日乾燥 ・・・・・・・・・・・・・・・ 33,35,42,85

糖衣［チョコレート］ ・・・・・・ 92,101,126,164

東京菓子［株式会社］ ・・・・・・・・・・・ 152,156

ドミニカ共和国 ・・・・・・・・・・・ 23,59,65,202

ドライフルーツ ・・・・ 84,85,100～102,114,202

トリニタリオ［種、系］ ・・・・・・・・・・・60～62

トリュフ ・・・・・・・・ 53,79,96,101,173,183

▶な行

ナイジェリア ・・・・・・・・・・・・・・・・・・・・・ 57

ナシオナル種（アリバ種） ・・・・・・・・・・・ 60,64

ナッツ［ペースト、類］ ・・・ 64,80～83,90,94,
　　　97,99～102,114,117,119,125,126,128,
　　　145,167,171,176,181,183,200,202

ナッティ ・・・・・・・・・・・・・・ 45,61,64,202

生クリーム ・・・・・・・ 85,99,100,116,118,165

生チョコレート ・・・・・・・・・・・・・・・・・・・・
　　　99,104,105,123,127～129,179

苦味 ・・・・・・・・ 10,44,60,61,63～65,76,86,
　　　102,107,108,164,175,196,198,199

ニブロースト法 ・・・・・・・・・・・・・・ 36,37,45

乳製品 ・・・・・・・・・・・・・・・・・・・・・・・・・
　　　66,67,77,85～87,98,108,109,124,125

ヌガー（ヌガティーヌ、ヌガティン）・・・・・・・・・・・
　　　79,94,99,100,167

ヌテラ ・・・・・・・・・・・・・・・・・・・・ 81,119

［ジャン・］ノイハウス ・・・・・・・・・・・・・ 96,134

濃縮ミルク ・・・・・・・・・・・・・・・・・・・・ 149

▶は行

ハーシー［チョコレート会社］ ・・・ 152,157,187

パート・ド・フリュイ ・・・・・・・・・・・・ 101,167

配合［表］ ・・・・・・・・・・・・・・・・・・・・・・・
　　　38,43,48～50,67,78,86,87,127,157,174

焙煎 ・・・・・・・・・・・・・「ロースト（焙煎）」参照

ハウスフレーバー ・・・・・・・・・・・・・・・・・ 43

発酵［食品、法］ ・・・・・・・・・・・・・・・・・・・・
　　　10,20,22,23,25,32,33,35,36,42～47,
　　　49,52,60,65,146,177～179

パティシエ ・・・・・・・・・・・・ 12,16,64,65,97,
　　　110,167～171,177,178,180,181

パティスリー ‥‥ 13,16,50,54,97,112〜116,
　　　　167,170,171,174,176〜178,181
バニラ ‥‥‥‥‥ 19,78,127,148,162,184
バリーカレボー ‥‥‥‥‥‥‥ 18,110,111
パルプ（果肉）‥‥‥‥‥‥‥‥‥‥‥‥‥
　　　　29,31〜33,35,42〜44,138
バロタン ‥‥‥‥‥‥‥‥‥‥‥‥‥‥ 97
パン・オ・ショコラ ‥‥‥‥‥‥‥‥‥ 119
パンコーティング［製法、チョコレート］‥ 94
バンホーテン ‥‥‥‥‥‥ 134,144,146,147
ピーカンナッツ ‥‥‥‥‥‥‥‥‥‥‥ 82
ピーナッツ［バター］ ‥‥‥‥ 64,80,82,145
ピウス5世 ‥‥‥‥‥‥‥‥‥‥‥‥ 142
日陰樹（シェイドツリー）‥‥‥‥‥‥ 20,30
微細化 ‥‥‥‥‥‥‥‥‥‥ 36,39,43,49
非脂肪カカオ分 ‥‥‥‥‥‥‥ 68,107,109
ビスケット ‥‥‥ 94,95,120,126,145,156,188
ピスタチオ ‥‥‥‥‥‥‥‥‥‥‥ 81,174
微生物 ‥‥‥‥‥ 10,32,33,42,43,45,195
必要な表示事項 ‥‥‥‥‥‥‥‥ 124,129
ピューレ ‥‥‥‥‥‥‥ 99,101,104,167
ファットブルーム ‥‥‥‥‥‥ 41,73,74,122
不安定［な］結晶 ‥‥‥‥‥‥‥‥ 71〜74
フイヤンティーヌ ‥‥‥‥‥‥‥‥‥ 167
風選 ‥‥‥‥‥ 「ウィノーイング（風選）」参照
フェアトレード ‥‥‥‥‥‥‥‥ 17,25,51
フェーブ・ド・カカオ ‥‥‥‥‥‥‥‥ 102
フェリペ［3世、4世、皇太子］‥ 132,140,141
フォラステロ［種、系］ ‥‥‥‥‥‥ 60〜64
フォレ・ノワール ‥‥‥‥‥‥‥‥‥ 115
フォンダン ‥‥‥‥‥‥ 99,100,114,183
フォンダン・ショコラ ‥‥‥‥‥ 116,180,201
不二製油 ‥‥‥‥‥‥‥‥‥‥‥‥ 111
物理的変化 ‥‥‥‥‥‥‥‥‥ 46,47,84
ブラウニー ‥‥‥‥‥‥‥‥‥‥‥ 117
フラシル ‥‥ 23〜25,34,57,59,61,65,133,165
プラリーヌ（プラリーネン）‥‥‥‥‥ 96,97
プラリネ［ショコラ、ペースト］‥‥‥‥‥‥‥
　　　　83,91,97,99,110,167,170,183
フランス ‥‥ 11,13,16,27,45,48,53,62,84,90,
　　　93,94,96,97,100,101,106,110,113〜119,
　　　132,134,135,140〜142,144,150,152,154,
　　　157,166〜168,170,171,175〜183,
　　　　　　　　　　　　　185〜187

フランツ［・ザッハ］‥‥‥‥‥‥‥‥ 114
フリーズドライ（凍結乾燥）‥‥‥‥‥ 84,85
ブルーム［現象］（ブルーミング）‥‥‥‥‥
　　　　41,71〜73,78,122
フレーバー ‥‥‥‥‥‥‥‥‥‥‥‥‥
　　　　43,76,107,179,183〜185,196
フレーバービーンズ ‥‥‥‥‥‥‥ 61,64
フレーバーホイール ‥‥‥‥‥‥‥‥ 199
ブレンド ‥‥‥‥‥‥‥‥ 29,38,49,61,62,
　　　　102,106,108,110,111,169,180
プロフィットロール ‥‥‥‥‥‥‥‥ 119
粉糖 ‥‥‥‥‥‥ 76,104,105,116,157
［全、脱脂］粉乳 ‥‥‥ 67,77,86,108,109
分離（皮を取り除く）‥‥‥‥‥‥‥ 36〜38
ペースト［化、状、品］‥‥‥‥‥‥‥‥‥
　38,39,54,66,68,80,81,83,84,97,99,
　100,104,119,126,139,147,167,174
ベースビーンズ ‥‥‥‥‥‥‥‥‥ 61,64
ヘーゼルナッツ［プラリネ、ペースト］‥‥‥
　　　　80,81,83,99〜102,119,167,171,174
ベトナム ‥‥‥‥‥‥‥ 23,50,59,61,65,82
ベネズエラ ‥‥ 12,23,58〜61,63,64,133,136
ペルー ‥‥ 12,23,59,65,133,177,183
ベルギー ‥‥‥‥‥‥‥‥‥‥‥‥‥‥
　　　　11,91,96,97,110,111,134,135,166,
　　　　171,172,177,185〜187
ベルコラーデ ‥‥‥‥‥‥‥‥‥‥‥ 110
ベルナシオン ‥‥‥‥‥‥‥ 48,168,176
ホテル・ザッハ ‥‥‥‥‥‥‥‥ 114,115
ボナ ‥‥‥‥‥‥‥‥‥‥‥‥ 48,49,168
ホローチョコレート ‥‥‥‥‥‥‥‥ 92,93
ホワイトカカオ ‥‥‥‥‥‥‥‥‥ 23,87
ホワイトクーベルチュール ‥‥‥‥ 108,109
ホワイトチョコレート ‥‥‥‥‥‥‥‥‥
　　　　51,67,73,74,77,85〜87,172,201,202
ホンジュラス ‥‥ 27,59,60,133,136,137,175
ボンボンショコラ ‥‥‥‥‥‥‥‥‥‥‥
　　　14,49,50,52,79,83,91,94,96〜104,
　　　106,123,134,166〜168,170,175,
　　　177,178,180〜182,185,200

▶ま行

マカダミアナッツ ‥‥‥‥‥‥‥‥ 80,81
マカロン ‥‥‥‥‥‥‥‥‥ 117,169〜171

磨砕 ・・・・・・・・・・・・・・36,38,134,144,172
マジパン ・・・・・・・・・・・・・・・83,84,99,100
マダガスカル ・・・13,23,59,61,65,78,175,179
抹茶 ・・・・・・・・・・・85,102,104,105,170
豆ロースト法・・・・・・・・・・・・・・・・36,37,45
マヤ[人、族、文明、文字、暦] ・・・・・・・・・・・・・
　　　　　　　　　132,133,136,137,140
マリアージュ ・・・・・・・・・・・176,200〜203
マリー アントワネットのピストル ・・・・・・・・148
マリー・ド・メディシス ・・・・・・・・・・・・・・96
マンディアン ・・・・・・・・・・・・・・・・・・・・101
ミルククーベルチュール ・・・・・・・・・・・108,109
ミルクチョコレート[生地] ・・・・・29,50,67,
　　　　73,74,76,77,86,124,127,134,149,
　　　　152,153,157,164,201〜203
ムース・オ・ショコラ ・・・「チョコレートムース」参照
[株式会社]明治・・・・・・・・・・・・・・・・・・・・・
　　　　　　19〜23,25,91,111,128,152,
　　　153,157〜159,161,164,199,201〜203
明治製菓[株式会社] ・・・・・・・・・・・・・・・・・
　　　　　　　152,156〜160,163,165
明治ミルクチョコレート ・・・・・・・・・・・・・・・
　　　　　　　111,153,158,159,161
メキシコ ・・・・・・・・・・・・23,27,28,59〜61,
　　　　133,136,138〜140,145,150
メソアメリカ ・・・・・・・・・・・・・・・10,11,27,
　　　28,60,67,132,136,137,140,142,149
メゾン ・・・・・・・・・・・・・・・・・・・167,172
メタテとマノ ・・・・・・・・・・・・138,139,150
モールド[製法] ・・・・・・・・・・・・・90,91,171
森永[製菓株式会社] ・・・・・・・・・・・・・・・・・
　　111,152,153,155〜158,160,163,165
森永西洋菓子製造所 ・・・・・・・・・・・・152,155
森永太一郎 ・・・・・・・・・・・・・・・152,155
森永ミルクチョコレート ・・・・・・・・・・・・・158
モリニーヨ ・・・・・・・・・・・・・・・139,195
モンテスマ[Ⅱ世] ・・・・・・・・・・・・・60,138

▶や、ら、わ行

融点 ・・・・・・・・・・10,68,70,71,73,121,162
油脂 ・・・・・・・・・「ココアバター(油脂)」参照
輸入量 ・・・・・・・・・・・・・・・・・・・58,59
米津風月堂 ・・・・・・・・・・・・・152,154,155
[ロドルフ・]リンツ ・・・・・・・・134,149,150,173

リンネ・・・・・・・・・・・・・・・・・・・・・・・・27
ルイ[13世、14世、16世] ・・・・・・・・・・・・・・・
　　　　　　　　　132,141,144,148
ルレ・デセール ・・・・・・・・・167,168,170,171
冷却 ・・・・・・・・・・・・36,37,40,41,73,91,92
レーズン ・・・・・・・・・・・・・・85,102,145
レシチン ・・・・・・・・・78,86,87,108,109,127
レファイナー ・・・・・・・・・・・・39,40,46,76
ロースト(焙煎) ・・・・・・・・・・・・・・・・・・・・・
　　10,32,36〜38,43〜45,48〜54,64,66,68,
　　80,81,83,84,99〜102,110,111,121,125,
　　138,139,144,145,147,172,174,177,178,
　　　　　　　　　181,201,202
ロースト香 ・・・・・・・・・・・・・・・・・・・・・64
ローチョコレート・・・・・・・・・・・・・・・・・・51

▶A to Z

Bean to Bar・・・・・・・・・・・・・・・・・・・・・・・・
　　　　15,16,44,48〜54,88,98,168,
　　　　172,178,180,181,183,184
CCC ・・・・・・・・・・・・・・・170,178〜182
CLMRS ・・・・・・・・・・・・・・・・20,21,24
GPSマッピング ・・・・・・・・・・・・・・21,24
International Taste Institute(旧iTQi) ・・・185
M.O.F ・・・・・・・・・・・・・・・・・169,170
Pod to Bar ・・・・・・・・・・・・・・・・・・49
SFC曲線 ・・・・・・・・・・・・・・・・・・・69
Tree to Bar ・・・・・・・・・・・・・・・・・・49
WCF(World Cocoa Foundation) ・・・・・・20

主な参考文献

★印の書籍の内容はチョコレート プロフェッショナル（上級）の出題範囲となります。

板倉弘重『最新の医学が解き明かすチョコレートの凄い効能』(かんき出版)

大澤俊彦、木村修一、古谷野哲夫、佐藤清隆『食物と健康の科学シリーズ チョコレートの科学』(朝倉書店)

大森由紀子『フランス菓子図鑑』(世界文化社)

小椋三嘉『高級ショコラのすべて』(PHP新書)

小椋三嘉『ショコラが大好き!』(新潮社)

梶 睦「チョコレート・ココアの食文化と歴史」(『チョコレート・ココアの科学と機能』所収、アイ・ケイコーポレーション)

蕪木祐介『チョコレートの手引』(雷鳥社)

河田昌子『新版 お菓子の「こつ」の科学』(柴田書店)

加藤由基雄、八杉佳穂『チョコレートの博物誌』(小学館)

久米邦武編『特命全権大使 米欧回覧実記(三)』(岩波書店)

クロエ・ドゥートレ・ルーセル著、宮本清夏、ボーモント愛子、松浦有里監訳『チョコレート・バイブル』(青志社)

講談社編『世界の一流ショコラ図鑑』(講談社)

佐藤清隆『チョコレートの散歩道』(エレガントライフ)

★ 佐藤清隆、古谷野哲夫『カカオとチョコレートのサイエンス・ロマン』(幸書房)

サントス・アントワーヌ『Chocolat チョコレートでまよったら』(柴田書店)

成美堂出版編集部編『チョコレートの事典』(成美堂出版)

千石玲子、千石禎子、吉田菊次郎編『仏英独＝和［新］洋菓子辞典』(白水社)

武田尚子『チョコレートの世界史』(中公新書)

土屋公二『ショコラティエのショコラ』(NHK出版)

蜂屋 巖『チョコレートの科学』(講談社ブルーバックス)

辻製菓専門学校監修、小阪ひろみ、山崎正也『使える製菓のフランス語辞典』(柴田書店)

明治製菓株式会社 社史編纂委員会編『明治製菓の歩み 創業から90年』(明治製菓株式会社)非売品

明治製菓株式会社『お菓子読本』(明治製菓株式会社)非売品

八杉佳穂『チョコレートの文化誌』(世界思想社)

Dolcerica 香川理馨子著、千住麻里子監修『チョコレート語辞典』(誠文堂新光社)

『日本チョコレート工業史』(日本チョコレート・ココア協会)

★ Stephen T Beckett著、古谷野哲夫訳『チョコレート カカオの知識と製造技術』(幸書房)

Stephen T Beckett著、古谷野哲夫訳『チョコレートの科学』(光琳)

コーヒー科学研究室HP

全国チョコレート業公正取引協議会HP

全日本菓子協会HP

総務省HP

日本チョコレート・ココア協会HP

日本ナッツ協会HP

GLOBAL NOTE(出典:国連)

バンホーテンHP

みんなの健康チョコライフHP

株式会社 明治HP

監修

株式会社 明治　チョコレート検定委員会

「2016年9月13日　明治ミルクチョコレート発売90周年」を記念して設立。
チョコレート検定を主催。
チョコレート検定は、不思議な魅力あふれるチョコレートのさまざまな知識が
身につく検定です。

チョコレート検定　公式サイト

https://www.kentei-uketsuke.com/chocolate/

制作協力

平田早苗(株式会社ポットラックインターナショナル)
宇都宮洋之　須田彩歌　晴山健史(株式会社 明治)

スペシャルアンバサダー

土屋公二(ミュゼ ドゥ ショコラ テオブロマ)

Hello, Chocolate

カカオをカルチャーに。
「Hello, Chocolate by meiji」
リニューアル!

カカオをカルチャーに。を合言葉に、ここではカカオ・チョコレートにまつわる
さまざまな情報を発信しています。カカオ・チョコレートに関する豆知識やトレ
ンド、その味わい方、世界のカカオのことまで、知って、触れると、もっと
楽しくなる。そんな新しい発見と、体験をみなさまへ。Hello, Chocolate
でカカオの奥深い世界をのぞいてみませんか?

主な体験コンテンツ

「Hello, Chocolate Home TOUR」

360°動画でのカカオ産地ツアー、チョコレート製造実演、新感覚テイスティング
が体験いただけます。お好きな場所でおたのしみください。

「Hello, World of Cacao」

世界中のカカオをたのしみましょう! ここでは、日本で手に入る Bean to Bar のチョ
コレートをご紹介します。

「Hello, Chocolate LESSON」

カカオ・チョコレートをより深く味わうためのヒントをさまざまなテーマごとにお伝えし
ます。(一部有料・事前予約制)
※チョコレート検定合格者のみが参加できるコンテンツです。

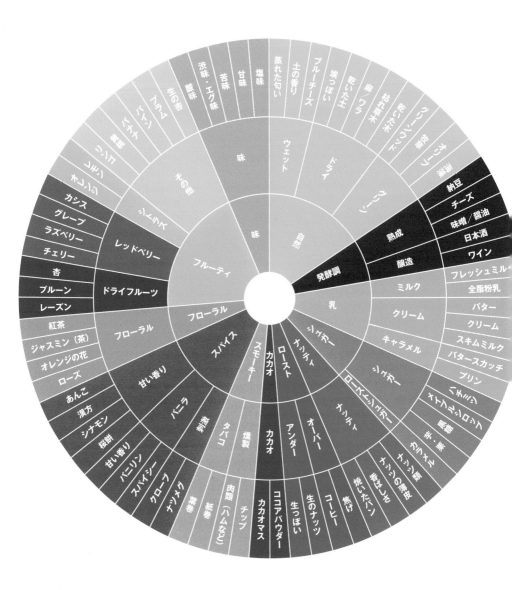

明治 開発「チョコレートフレーバーホイール」
（出典：Hello, Chocolate by meiji）